BESONDERE LEISTUNGSFESTSTELLUNG 2014

W0315197

Mathematik 10. Klasse

Gymnasium
Sachsen

2006–2013

STARK

ISBN 978-3-8490-0743-0

© 2013 by Stark Verlagsgesellschaft mbH & Co. KG
9. ergänzte Auflage
www.stark-verlag.de

Das Werk und alle seine Bestandteile sind urheberrechtlich geschützt. Jede vollständige oder teilweise Vervielfältigung, Verbreitung und Veröffentlichung bedarf der ausdrücklichen Genehmigung des Verlages.

Inhalt

Hinweise und Tipps zur Besonderen Leistungsfeststellung

Original-Aufgaben der Besonderen Leistungsfeststellung

Besondere Leistungsfeststellung 2010

Besondere Leistungsfeststellung 2011

Besondere Leistungsfeststellung 2012

Besondere Leistungsfeststellung 2013

Jeweils im Herbst erscheinen die neuen Ausgaben der Besonderen Leistungsfeststellung mit Lösungen.

Autorin: Walburg Fruhnert

Vorwort

Liebe Schülerin, lieber Schüler,

dieses Übungsbuch unterstützt Sie bei der optimalen Vorbereitung auf die **Besondere Leistungsfeststellung im Fach Mathematik** in der Klasse 10 des Gymnasiums.

- Im ersten Kapitel „**Hinweise und Tipps zur Besonderen Leistungsfeststellung**" erhalten Sie Informationen zum Ablauf und zur Bewertung der Besonderen Leistungsfeststellung. Außerdem finden Sie wertvolle Hinweise und Tipps zur Aufgabenbewältigung während der Besonderen Leistungsfeststellung.

- Anschließend finden Sie die **Original-Aufgaben der Besonderen Leistungsfeststellung von 2006 bis 2013**. Sie ermöglichen Ihnen während Ihrer Vorbereitungsphase eine Kontrolle, ob Sie bereits fit für die Prüfung sind.

- Sollten Sie einmal nicht weiterkommen, helfen Ihnen die **Lösungstipps** auf den richtigen Weg. Wenn Sie mit einer Aufgabe nicht zurechtkommen, schauen Sie deshalb nicht gleich in die Lösungen, sondern nutzen Sie schrittweise diese Lösungstipps, um selbst die Lösung zu finden.

- Zu allen Aufgaben finden Sie **vollständige und ausführlich kommentierte Lösungen**. Mit Ihnen können Sie eigenständig kontrollieren, ob Sie die Aufgaben richtig gelöst haben. Sie helfen Ihnen dabei, die einzelnen Rechenschritte genau nachzuvollziehen.

Sollten nach Erscheinen dieses Bandes noch wichtige Änderungen in der Besonderen Leistungsfeststellung 2014 vom Sächsischen Staatsministerium für Kultus bekannt gegeben werden, finden Sie aktuelle Informationen dazu im Internet unter:
www.stark-verlag.de/info.asp?zentrale-pruefung-aktuell

Ich wünsche Ihnen für die Besondere Leistungsfeststellung viel Erfolg!

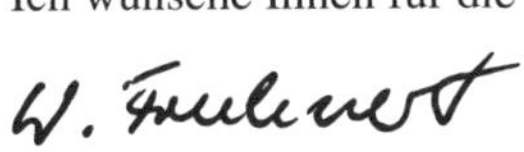

Stichwortverzeichnis

Hinweise und Tipps zur Besonderen Leistungsfeststellung

Ablauf der Besonderen Leistungsfeststellung

Die Besondere Leistungsfeststellung im Fach Mathematik

In Umsetzung des Schulgesetzes für den Freistaat Sachsen nehmen Schülerinnen und Schüler der Klasse 10 seit dem Schuljahr 2005/2006 an der **Besonderen Leistungsfeststellung** (**BLF**) teil. Es wird je eine schriftliche Arbeit mit einem Zeitumfang von **90 Minuten** in den Fächern Deutsch, Englisch und Mathematik angefertigt.
Die **Durchführung der BLF** hat der Freistaat Sachsen für alle Gymnasien einheitlich geregelt. Grundlage der Aufgabenstellungen sind im Fach Mathematik die Inhalte des Lehrplans einschließlich der Klasse 10. Deshalb findet die BLF am Schuljahresende statt. Für Schüler, die am Ersttermin aus Krankheitsgründen nicht teilnehmen können, gibt es einen Nachtermin.
Die besondere Leistungsfeststellung wird jeweils in der ersten und zweiten Unterrichtsstunde geschrieben.

Aufbau der BLF

Im Fach **Mathematik** besteht die schriftliche Arbeit der BLF aus den Teilen A und B. Beide Teile hat der Schüler innerhalb der 90-minütigen Arbeitszeit zu bewältigen.
Teil A enthält mehrere Aufgaben geringer Komplexität zu grundlegenden mathematischen Sachverhalten (**mathematisches Grundwissen**), darunter auch Aufgaben mit Auswahlcharakter. Zur Bearbeitung der Aufgaben des Teils A haben Sie **25 Minuten** Zeit. Zugelassene **Hilfsmittel** für Teil A sind nur Zeichengeräte und Zeichenhilfsmittel.
Teil B beinhaltet Aufgaben mit höherem Komplexitätsgrad zu grundlegenden mathematischen Sachverhalten und deren Anwendung, darunter eine Aufgabe, die verschiedene mathematische Teilgebiete vernetzt. Der Arbeitszeitanteil umfasst **65 Minuten**. Im Teil B sind als Hilfsmittel zugelassen: Zeichengeräte und Zeichenhilfsmittel, Tabellen- und Formelsammlung sowie ein grafikfähiger programmierbarer Taschenrechner ohne oder mit Computer-Algebra-System. Im Teil B können einzelne Aufgaben in Varianten in Abhängigkeit von den eingesetzten Hilfsmitteln gestellt werden.

Leistungsanforderung und Bewertung

Die **Note der BLF** fließt mit doppelter Gewichtung wie eine Note für eine Klassenarbeit in die Ermittlung der Zeugnisnote im jeweiligen Fach ein. Sie hat daher eine wesentliche Bedeutung für das erfolgreiche Bestehen der Jahrgangsstufe 10 und das Vorrücken in die Jahrgangsstufe 11. Alle Schülerinnen und Schüler des Gymnasiums erwerben mit dieser Versetzung einen mit dem Realschulabschluss gleichgestellten mittleren Bildungsabschluss.
In die **Bewertung** geht zunächst einmal die fachliche Richtigkeit und Vollständigkeit ein. Ein weiteres wichtiges Bewertungskriterium stellt die Darstellungsqualität dar, in welche der richtige Einsatz der Fachsprache und die Strukturiertheit der Ausführungen einfließen. Selbstverständlich geht auch die Sprachrichtigkeit (Rechtschreibung, Grammatik, Zeichensetzung) bei Erläuterungen, Beschreibungen etc. in die Bewertung ein. Verstöße gegen die sprachliche Korrektheit oder die saubere äußere Form führen zum Punktabzug.

Wesentliche Operatoren

Bei der Formulierung der zentralen Prüfungsaufgaben werden sogenannte **Operatoren** verwendet, die sicherstellen sollen, dass alle Schüler und Lehrer unter einer bestimmten Aufgabenstellung das Gleiche verstehen. Damit Sie die Aufgabenstellungen korrekt erfassen können, sind die wesentlichen Operatoren in der nachfolgenden Liste angeführt.

Arbeitsauftrag	**Definition**	**Beispiele**
angeben, nennen	Das Ergebnis wird ohne die Darstellung des Lösungsweges und ohne Begründungen numerisch oder verbal formuliert.	2009 Teil A Aufgabe 8 2010 Teil A Aufgabe 9 2011 Teil A Aufgabe 8.2 2012 Teil A Aufgabe 7
beschreiben	In vollständigen Sätzen wird der Sachverhalt oder das Verfahren unter Verwendung der Fachsprache dargestellt.	–
ermitteln, bestimmen	Der Lösungsweg wird dargestellt und das Ergebnis formuliert. Die Wahl der Mittel (z. B. numerisch oder grafisch) kann mit „Ermitteln Sie grafisch“ oder „Bestimmen Sie rechnerisch“ eingeschränkt werden.	2008 Teil B Aufgabe 1 b 2009 Teil B Aufgabe 1 c 2010 Teil B Aufgabe 1 c 2011 Teil B Aufgabe 1.2 2013 Teil A Aufgabe 8

Arbeitsauftrag	Definition	Beispiele
berechnen	Das Ergebnis wird von einem Ansatz ausgehend durch Rechenoperationen gewonnen. Die Nutzung des GTR einschließlich von GTR-Programmen ist zulässig, nur die grafische Werkzeugebene (GRAPH-, DYNA-Menü) ist ausgeschlossen. Soll eine lückenlose Darstellung des Lösungsweges mit allen Zwischenschritten erfolgen, wird die Aufgabenstellung detaillierter: „Leiten Sie … her." „Stellen Sie Zwischenschritte der Berechnung dar." „Geben Sie Zwischenschritte für die Ermittlung der Lösung an." „Geben Sie Zwischenergebnisse an."	2009 Teil B Aufgabe 2 a 2010 Teil B Aufgabe 2 b 2011 Teil B Aufgabe 2.2 2012 Teil B Aufgabe 2.1 2013 Teil B Aufgabe 1.2
zeichnen, grafisch darstellen	Der Sachverhalt wird maßstäblich dargestellt, ggf. werden Wertepaare (z. B. bei einer Funktionsdarstellung) berechnet.	2007 Teil A Aufgabe 9 c 2012 Teil A Aufgabe 8.2
zeigen, nachweisen, beweisen	Eine Aussage bzw. ein mathematischer Satz wird nach gültigen Schlussregeln (durch Herleitung oder logische Begründung) bestätigt.	2008 Teil B Aufgabe 3 b 2010 Teil A Aufgabe 8 a 2012 Teil B Aufgabe 1.2 2013 Teil A Aufgabe 9

Methodische Hinweise und allgemeine Tipps zur BLF

Vorbereitung

- Bereiten Sie sich langfristig auf die BLF vor, am besten fangen Sie schon 12 Wochen vor dem angesetzten Termin an. Neben der notwendigen Übung und Sicherheit im Umgang mit mathematischen Problemen entdecken Sie so frühzeitig noch eventuelle Lücken und können diese schließen.
- Planen Sie Ihren Lernablauf: Fertigen Sie sich eine Übersicht über die von Ihnen bereits bearbeiteten Themen, Inhalte und Verfahren an. Teilen Sie die Inhalte in sinnvolle Teilbereiche ein und legen Sie fest, bis zu welchem Zeitpunkt Sie welche Teilbereiche bearbeitet haben wollen. Eine übersichtliche schriftliche Arbeitsweise erleichtert auch spätere Wiederholungen.

- Wiederholen Sie kurz die Inhalte, die Ihnen schon geläufig sind und erarbeiten Sie danach ausführlich die Themen, die Ihnen bislang unklar sind. Arbeiten Sie dazu die Themengebiete zunächst allein durch. Wenn Sie die Grundlagen einigermaßen sicher beherrschen, können Sie dann mit einem Partner oder in einer kleinen Gruppe noch spezielle Fragen klären.
- Benutzen Sie zur Vorbereitung auf die BLF neben diesem Übungsbuch Ihre Unterrichtsaufzeichnungen und das Lehrbuch.
- Verwenden Sie bei der Vorbereitung grundsätzlich die Hilfsmittel, die auch in der BLF zulässig sind. Nutzen Sie das Tafelwerk und den Taschenrechner effektiv.
- Testen Sie an geeigneten Aufgaben, ob Sie mit der vorgegebenen Zeit zurechtkommen. Ansonsten hilft nur Training, um die BLF in der vorgegebenen Zeit lösen zu können.

Bearbeitung der Prüfung

Das Lösen von Mathematikaufgaben ist für Sie an sich selbstverständlich nichts Neues. Auch in der BLF werden Ihnen keine völlig neuen Aufgaben begegnen, auf die Sie nicht vorbereitet wurden. Sie können also prinzipiell all die „Strategien“ anwenden, die Sie bisher auch bei all Ihren Klassenarbeiten verfolgt haben.
Wegen der Vielfalt der Aufgabenarten und der Tatsache, dass die Aufgaben der schriftlichen Arbeit nicht von Ihrem Fachlehrer gestellt werden, stellt die BLF dennoch eine Herausforderung dar. Hinzu kommt, dass Ihnen mit 90 Minuten Arbeitszeit nur ein recht knapper zeitlicher Rahmen für die Bearbeitung zur Verfügung steht. Daher können Ihnen einige Tipps helfen, diese Situation erfolgreich zu meistern:

- Lesen Sie die Aufgabenstellungen sehr aufmerksam auf **Hinweise auf den Lösungsansatz sowie wichtige Größen** im Aufgabentext und in den Skizzen hin durch.
- Eine vollständige **Skizze** erleichtert oft den Einstieg in eine komplexe Aufgabe. Tragen Sie in Ihre Lösungsskizze daher alle Größen ein, die in der Aufgabe genannt werden. Markieren oder skizzieren Sie auch das Gesuchte.
- Notieren Sie Zwischenschritte, auch wenn es nicht explizit verlangt wird. Es erleichtert Ihnen die Kontrolle der Richtigkeit des Lösungsweges.
- Formulieren Sie Übergänge und Zwischenüberlegungen **in klaren und überschaubaren Sätzen**. Formulieren Sie am Ende Ihrer Lösung ein vollständiges Ergebnis.
- Bei der Nutzung von GTR-Programmen ist auf diese zu verweisen, ggf. müssen auch die Ein- und Ausgabedaten angeführt sein. Beim grafischen Ermitteln von Lösungen kann dies durch das Anfertigen einer Zeichnung oder durch die Darlegung der Lösungsschritte beim grafischen Lösen mit dem GTR erfolgen.
- Verwenden Sie nicht zu viel Zeit bei einer Aufgabe. Finden Sie nach längerer Überlegung keinen Lösungsansatz oder kommen Sie aufgrund eines Fehlers nicht weiter, wechseln Sie lieber zu einer anderen Aufgabe.

- Achten Sie auf die sprachliche Richtigkeit und eine saubere äußere Form Ihrer Lösungsdarstellungen.
- Planen Sie einen nicht zu knappen **Zeitraum für die Überprüfung** der Rechnungen ein. Beachten Sie bei einer eventuellen Korrektur, dass auch diese noch lesbar und nachvollziehbar sein muss!
- Versehen Sie am Ende der Bearbeitungszeit **alle Blätter** mit Ihrem Namen und nummerieren Sie die einzelnen Seiten durch.

Der „Lösungsplan“

Der schwierigste Teil der Lösung ist sicher das Suchen und Finden eines geeigneten **Lösungsansatzes** bzw. das Planen eines erfolgreichen und vielleicht sogar „eleganten“ Lösungsweges. Daher gehen wir an dieser Stelle anhand einer Beispielaufgabe noch etwas genauer darauf ein, wie Sie dabei vorgehen können.

Beispielaufgabe: Berechnen Sie den Flächeninhalt des von Um- und Inkreis eines gleichseitigen Dreiecks mit der Seitenlänge $a = 2$ cm *begrenzten Kreisrings.*

- Stellen Sie fest, zu welchem Teilgebiet der Mathematik die Aufgabenstellung passt: *Themenbereich Geometrie: Berechnungen am Kreis, Kreisring (Umkreis, Inkreis), Berechnungen am Dreieck*
- Fertigen Sie eine Lösungsskizze an, die die gegebenen und die zur Ermittlung der gesuchten Größen benötigten weiteren Größen enthält:

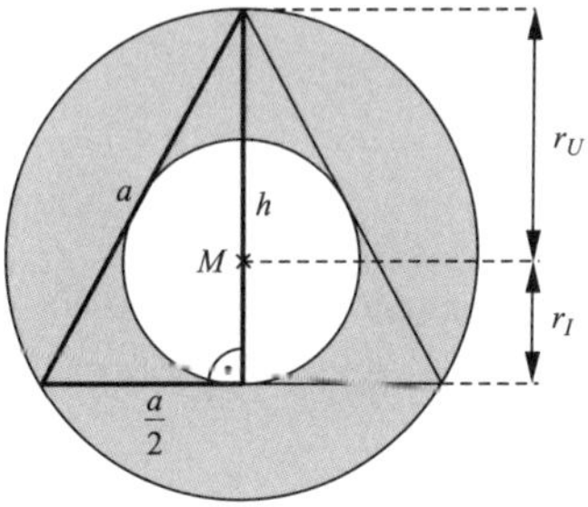

- Anhand Ihrer Lösungsskizze können Sie nun schrittweise den „Lösungsplan“ erarbeiten, um aus den gegebenen Größen die gesuchte Größe zu erhalten. Dabei bietet sich meist an, „rückwärts“ von der gesuchten Größe auszugehen:
  Der Flächeninhalt des grau markierten Kreisrings ergibt sich durch die Subtraktion des Flächeninhalts des Inkreises von dem des Umkreises. Der Flächeninhalt eines Kreises berechnet sich mit der Formel $A = \pi \cdot r^2$.
  Da sich in einem gleichseitigen Dreieck die Höhen, die Winkelhalbierenden und die Seitenhalbierenden in einem Punkt, der gleichzeitig Mittelpunkt des In- und Umkreises ist, schneiden, gilt das Seitenverhältnis 2 : 1. Der Radius r_I *des Inkreises entspricht daher* $\frac{1}{3}$ *der Höhe h des Dreiecks, der Radius* r_U *des Umkreises* $\frac{2}{3}$ *der Höhe h.*

Die Höhe h kann aus der Seitenlänge a mithilfe des Satzes von Pythagoras ermittelt werden: $a^2 = h^2 + \left(\frac{a}{2}\right)^2$ *<u>oder</u> Sie entnehmen der Formelsammlung, dass sich die Höhe in einem gleichseitigen Dreieck durch* $h = \frac{a}{2}\sqrt{3}$ *ergibt.*

- Jetzt können Sie die gegebenen Größen in die Formel(n) einsetzen, die Formel(n) nach den gesuchten Größen umstellen und ggf. nacheinander anwenden. Dabei können Sie die Richtung der Rechnung gegenüber Ihrem „Lösungsplan" auch umkehren, indem Sie mit derjenigen Größe anfangen, die auch zuerst berechnet werden muss. Wichtig ist nur, dass der Rechengang nachvollziehbar ist.
  Zunächst berechnen Sie aus der gegebenen Seitenlänge die Höhe des gleichseitigen Dreiecks. Wenn Sie die Formel für die Höhe in einem gleichseitigen Dreieck nicht Ihrer Formelsammlung entnommen haben, ergibt sie sich durch Umstellen des Satzes von Pythagoras.

$$h^2 = a^2 - \left(\frac{a}{2}\right)^2$$

$$\Rightarrow h = \sqrt{a^2 - \left(\frac{a}{2}\right)^2} = \sqrt{a^2 - \frac{a^2}{4}} = \sqrt{\frac{3}{4}a^2} = \frac{a}{2}\sqrt{3}$$

Die Höhe setzen Sie nun in die Formel zur Berechnung der Kreisflächen ein. Mit $r_U = \frac{2}{3} \cdot h$ *und* $r_I = \frac{1}{3} \cdot h$ *ergibt sich für die Flächeninhalte der beiden Kreise:*

$$A_U = \pi \cdot r_U^2 = \pi \cdot \left(\frac{2}{3}h\right)^2 = \pi \cdot \left(\frac{\not{2}^1}{3} \cdot \frac{a}{\not{2}_1}\sqrt{3}\right)^2 = \pi \cdot \frac{a^2}{9} \cdot 3 = \pi \cdot \frac{a^2}{3}$$

$$A_I = \pi \cdot r_I^2 = \pi \cdot \left(\frac{1}{3}h\right)^2 = \pi \cdot \left(\frac{1}{3} \cdot \frac{a}{2}\sqrt{3}\right)^2 = \pi \cdot \frac{1}{9} \cdot \frac{a^2}{4} \cdot 3 = \pi \cdot \frac{a^2}{12}$$

Der Flächeninhalt des Kreisrings berechnet sich wie folgt:

$$
\begin{aligned}
A_{Ring} &= A_U - A_I \\
&= \pi \cdot \frac{a^2}{3} - \pi \cdot \frac{a^2}{12} \\
&= \pi \cdot a^2 \left(\frac{1}{3} - \frac{1}{12} \right) \\
&= \pi \cdot a^2 \left(\frac{4}{12} - \frac{1}{12} \right) \\
&= \pi \cdot a^2 \cdot \frac{3}{12} \\
&= \frac{1}{4} \cdot \pi \cdot a^2 \\
&= \frac{1}{4} \cdot \pi \cdot (2\ \text{cm})^2 \\
&= \pi\ \text{cm}^2 \approx \underline{\underline{3{,}14\ \text{cm}^2}}
\end{aligned}
$$

Ergebnis: Der Flächeninhalt des Kreisrings beträgt ca. 3,14 cm^2.

Besondere Leistungsfeststellung Mathematik Sachsen
2006

Teil A

(ohne Nutzung von Tabellen- und Formelsammlung sowie Taschenrechner)

In den Aufgaben 1 bis 6 ist von den jeweils fünf Auswahlmöglichkeiten genau eine Antwort richtig. Kreuzen Sie das jeweilige Feld an.

1. Der Graph der Funktion f mit $y = f(x) = \sin x$ ($x \in \mathbb{R}$) wird längs der Ordinatenachse mit dem Faktor 2 gestreckt und längs der Abszissenachse um 3 Einheiten nach links verschoben. Der dadurch entstandene Graph wird durch folgende Funktionsgleichung beschrieben: (1 BE)

☐	☐	☐	☐	☐
$y = 2\sin(x-3)$	$y = 2\sin(x+3)$	$y = 3\sin(x-2)$	$y = \sin(3x)+2$	$y = \sin(2x)-3$

2. Für welchen Wert x ist der Term $\frac{x-1}{\frac{1}{2}x-6}$ nicht definiert? (1 BE)

☐	☐	☐	☐	☐
–12	0	1	3	12

3. Eine Gaststätte bietet zum Mittagstisch 5 Vorspeisen, 10 Hauptgerichte und 4 Nachspeisen an. Andrea wird sich ein Menü bestehend aus einer Vorspeise, einem Hauptgericht und einer Nachspeise bestellen. Aus wie vielen Menüs kann sie auswählen? (1 BE)

☐	☐	☐	☐	☐
19	30	54	200	450

4. Welche der Abbildungen ist ein Zweitafelbild des im Schrägbild dargestellten Körpers?

(1 BE)

☐	☐	☐	☐	☐

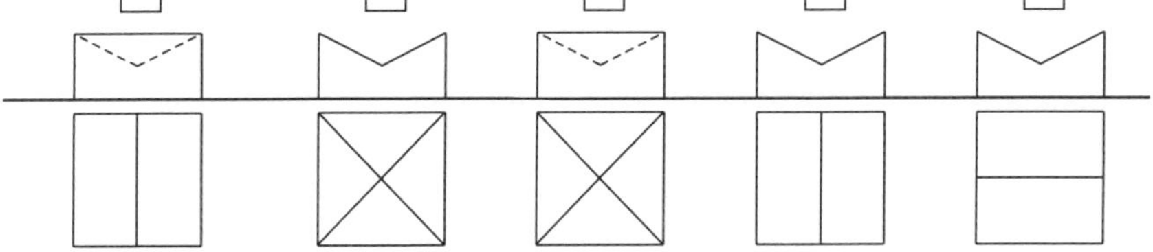

5. Wie lang ist eine Brücke im Original, die auf einer Karte mit dem Maßstab 1 : 25 000 eine Länge von 2 cm hat? (1 BE)

☐	☐	☐	☐	☐
50 m	250 m	500 m	2 km	2,5 km

6. Bei einem Sonderangebot wird ein Pullover, der ursprünglich 65 € kostete, für 52 € angeboten. Um wie viel Prozent ist der ursprüngliche Preis reduziert worden? (1 BE)

☐	☐	☐	☐	☐
13 %	20 %	25 %	$33\frac{1}{3}$ %	80 %

7. Stellen Sie die Gleichung $A = \frac{a+c}{2} \cdot h$ nach c um $(h \neq 0)$. (1 BE)

8. Berechnen Sie das Volumen des abgebildeten geraden Prismas.

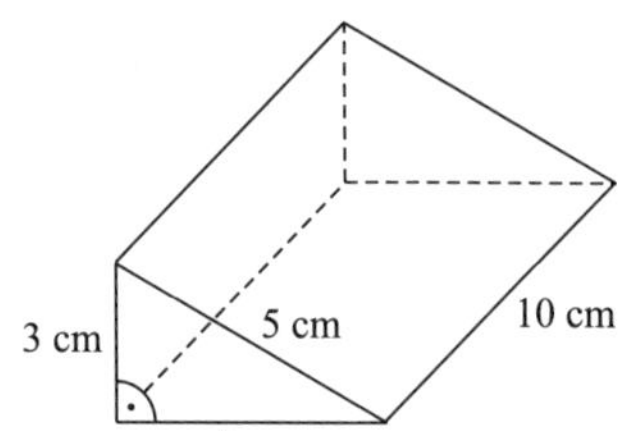

(Abbildung nicht maßstäblich)

(2 BE)

9. Geben Sie die Lösungen folgender Gleichungen für $x \in \mathbb{R}$ an. (4 BE)

   a) $(x-3) \cdot (2x+4) = 0;\ x \neq 0$

   b) $x^2 + 6x = 27$

10. Ein Wasserbecken wird von drei Pumpen mit gleicher Pumpenleistung in 120 Minuten vollständig entleert.
Ermitteln Sie, wie lange es dauern würde, wenn fünf solcher Pumpen zum Einsatz kämen. (2 BE)

Teil B

1. Gegeben ist eine Funktion f mit $y = f(x) = x^2 - 3x + \frac{5}{4}$ $(x \in \mathbb{R})$.

   a) Geben Sie die Koordinaten des Scheitelpunkts S des Graphen sowie die Nullstellen und den Wertebereich der Funktion f an. (3 BE)

   b) Der Graph einer monoton wachsenden linearen Funktion g schneidet die y-Achse im Punkt $R(0\,|\,3{,}5)$ und die x-Achse in einem Winkel von 45°. Begründen Sie, dass durch g die Gleichung $y = g(x) = x + 3{,}5$ beschrieben werden kann.
   Berechnen Sie die Koordinaten der Schnittpunkte der Graphen von f und g. (5 BE)

2. Gegeben sind die Funktionen f und g durch

   $y = f(x) = 1{,}5 \cdot 2^x$ und $y = g(x) = -1{,}5 \cdot \left(\frac{1}{2}\right)^x$ $(x \in \mathbb{R})$.

   a) Ermitteln Sie das Argument x, für das gilt: $f(x) = 6$. (2 BE)

   b) Geben Sie eine Abbildung an, die den Graphen der Funktion f in den Graphen der Funktion g überführt. (1 BE)

   c) Der Graph einer Exponentialfunktion $y = k \cdot a^x$ $(x \in \mathbb{R};\ a \in \mathbb{R},\ a > 0,\ a \neq 1,\ k \in \mathbb{R},\ k \neq 0)$ verläuft durch die Punkte $P_1(0\,|\,2{,}5)$ und $P_2(1\,|\,7{,}5)$.
   Ermitteln Sie die Werte k und a der Gleichung dieser Exponentialfunktion. (2 BE)

3. Der Punkt M liegt auf der Strecke $\overline{AB}$ und ist Mittelpunkt des Umkreises k des Dreiecks ABC (siehe Skizze).

   Gegeben sind:
   $\beta = 53{,}1°$
   $b = \overline{AC} = 48$ mm

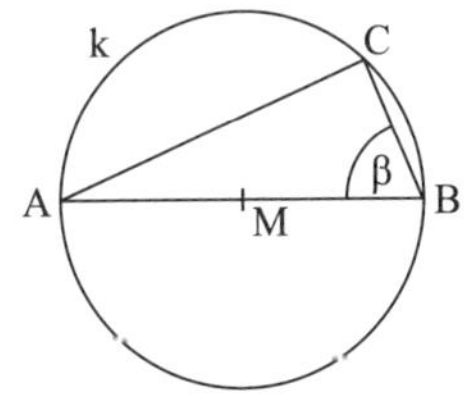

(Skizze nicht maßstäblich)

   a) Begründen Sie, warum das Dreieck ABC rechtwinklig ist.

   b) Ermitteln Sie den Flächeninhalt des Dreiecks ABC in Quadratzentimetern. (4 BE)

4. Der Grundriss des Zimmers von Christin kann in einem ebenen kartesischen Koordinatensystem (1 Längeneinheit entspricht 1 Meter) beschrieben werden.
In diesem Zimmer befinden sich 4 Lautsprecher A, B, C und D, deren Lage im Grundriss durch folgende Koordinaten beschrieben werden kann: $A(1{,}5\,|\,4{,}5)$, $B(0{,}5\,|\,0)$, $C(5{,}5\,|\,0)$ und $D(4{,}5\,|\,4{,}5)$.
Alle Lautsprecher sind in derselben Höhe im Zimmer angebracht.

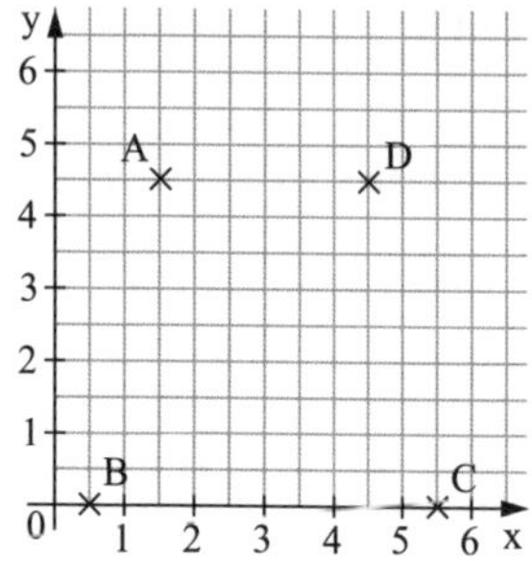

a) Berechnen Sie den Abstand der Lautsprecher C und D sowie die Größe des Winkels DCB. (5 BE)

b) Christin hört oft den Radiosender „Beautiful". Dieser Sender wählt jeden seiner gespielten Titel zufällig aus. Die Wahrscheinlichkeit dafür, dass ein beliebig gespielter Titel ein englischer (deutscher, italienischer) ist, beträgt dabei immer 35 % (25 %, 20 %). Christin hört an einem Nachmittag mehrere Titel auf diesem Sender.

Ermitteln Sie die Wahrscheinlichkeiten folgender Ereignisse:
Ereignis A: Der erste Titel ist ein italienischer, der zweite ein deutscher und der dritte ein englischer.
Ereignis B: Unter genau 15 gehörten Titeln sind genau 8 englische. (4 BE)

c) In der Akustik spielen der Schalldruck p und der Schalldruckpegel L eine große Rolle. Der Schalldruckpegel L lässt sich in Abhängigkeit vom Schalldruck p bei bestimmten Bedingungen (die im Folgenden stets gelten sollen) mit folgender Gleichung berechnen:

$$L(p) = 20 \cdot \lg\left(\frac{p}{p_0}\right) \quad \text{mit } p_0 = 2{,}5 \cdot 10^{-5}\ \text{Pa}$$

L wird in Dezibel (dB) und p in Pascal (Pa) angegeben.

Die „Schmerzgrenze" liegt für den Menschen bei einem Schalldruck von $p = 140$ Pa.
Geben Sie den Schalldruckpegel L für die Schmerzgrenze des Menschen an.
Begründen Sie, dass die Gleichung für den Schalldruckpegel auch in der Form $L(p) = 5 \cdot (\lg p^4 - \lg p_0{}^4)$ geschrieben werden kann. (4 BE)

Lösungstipps zu Teil B

Tipps zu Aufgabe 1

a)

- Veranschaulichen Sie sich den Graphen der Funktion mit Hilfe des GTR.
- Arbeiten Sie dazu im GRAPH-Menü.
- Wenn der Graph von f eine Normalparabel ist und Nullstellen existieren, dann muss bei einer nach oben geöffneten Parabel der Scheitelpunkt als tiefster Punkt unterhalb der x-Achse liegen.
- Ermitteln Sie mit dem Befehl „MIN" die Koordinaten des Scheitelpunktes, wobei die y-Koordinate des Scheitelpunktes dem kleinstmöglichen Funktionswert von f entspricht.

b)

- Überlegen Sie, wie die Funktionsgleichung einer linearen Funktion allgemein geschrieben werden kann.
- Der Punkt R liegt auf dem Graphen der Funktion.
- Die Koordinaten des Punktes R erfüllen die Funktionsgleichung $y = m \cdot x + n$ ($x \in \mathbb{R}$; $m, n \in \mathbb{R}$, $m \neq 0$).
- Überlegen Sie, in welchem Zusammenhang der Anstieg m der linearen Funktion zum Anstiegswinkel 45° steht.

Tipps zu Aufgabe 2

a)

- Setzen Sie für den Funktionswert f(x) 6 ein.
- Stellen Sie die Funktionsgleichung $y = f(x) = 1{,}5 \cdot 2^x$ nach x um.

c)

- Die Punkte $P_1(0\,|\,2{,}5)$ und $P_2(1\,|\,7{,}5)$ liegen auf dem Graphen der Exponentialfunktion.
- Deshalb müssen die Koordinaten dieser Punkte die Funktionsgleichung $y = f(x) = k \cdot a^x$ ($x \in \mathbb{R}$; $a \in \mathbb{R}$, $a > 0$, $a \neq 1$, $k \in \mathbb{R}$, $k \neq 0$) erfüllen.
- Setzen Sie die Koordinaten der Punkte in die Funktionsgleichung ein und lösen Sie dieses Gleichungssystem.

Tipps zu Aufgabe 3

a)

- Wenden Sie den Satz des Thales an.

b)

- Es liegt ein rechtwinkliges Dreieck vor.
- Deshalb kann der Flächeninhalt dieses Dreiecks mithilfe der Gleichung $A = \frac{1}{2}\overline{BC} \cdot \overline{AC}$ berechnet werden.
- Zur Berechung von $\overline{BC}$ nutzen Sie eine trigonometrische Beziehung im rechtwinkligen Dreieck ABC.

Tipps zu Aufgabe 4

a)

- Zeichnen Sie das Lot vom Punkt D aus auf die x-Achse.
- Verbinden Sie den Lotfußpunkt und die Punkte C und D zu einem Dreieck.
- Überlegen Sie, welche Art Dreieck vorliegt.
- Wenden Sie den Satz des Pythagoras an.

b)

- Fertigen Sie ein Baumdiagramm an!
- Die Berechnung der Wahrscheinlichkeit des Ereignisses A erfolgt mithilfe der Pfadregeln (Multiplikationsregel).
- Für die Berechnung der Wahrscheinlichkeit des Ereignisses B beachtet man, dass der vorliegende Zufallsversuch eine Bernoulli-Kette ist.
- Die Zufallsgröße X beschreibt die Anzahl der gespielten englischen Titel.
- Ermitteln Sie die Parameter n und p dieser Zufallsgröße X.
- Die Wahrscheinlichkeit der binomialverteilten Zufallsgröße X berechnet man mithilfe der Formel von Bernoulli.

c)

- Zur Begründung, dass die Gleichung für den Schalldruckpegel auch in der anderen gegebenen Form geschrieben werden kann, formen Sie die Ausgangsgleichung nach gültigen mathematischen Regeln um.
- Nutzen Sie Logarithmen- und Potenzgesetze.

Lösungen zu Teil A

1. ☒ $y = 2 \cdot \sin(x+3)$

   Erklärung der Lösung:

   Eine Streckung des Graphen der Funktion f mit $y = f(x) = \sin x$ längs der Ordinatenachse (y-Achse) mit dem Faktor 2 erreicht man durch eine Verdopplung der Funktionswerte, also $y = 2 \cdot \sin x$.
   Eine Verschiebung des Graphen der Funktion f mit $y = f(x) = \sin x$ längs der Abszissenachse (x-Achse) um 3 Einheiten nach links erreicht man durch eine Vergrößerung der Argumente, also $y = \sin(x+3)$.
   Zusammen ergibt das $\underline{\underline{y = 2 \cdot \sin(x+3)}}$.

2. ☒ 12

   Erklärung der Lösung:

   Der vorliegende Term ist nicht definiert, wenn der Nennerterm den Wert Null annimmt. Damit gilt nach Umstellung für x:

   $$\frac{1}{2}x - 6 = 0 \quad | +6$$
   $$\frac{1}{2}x = 6 \quad | \cdot 2$$
   $$\underline{\underline{x = 12}}$$

3. ☒ 200

   Erklärung der Lösung:

   Da man zu jeder der 5 Vorspeisen genau 10 Hauptgerichte wählen kann, ergibt das

5	·	10	=	50
(Anzahl der Vorspeisen)		(Anzahl der Hauptgerichte)		(Anzahl der Möglichkeiten)

   Zu diesen 50 möglichen Auswahlen kann man noch genau 4 Nachspeisen wählen, sodass sich dann

50	·	4	=	200
		(Anzahl der Nachspeisen)		

   verschiedene Menüs ergeben.

4. ☒

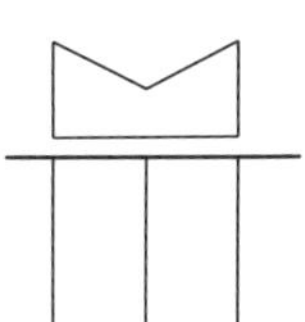

5. [X] 500 m

Erklärung der Lösung:

Der Maßstab 1 : 25 000 bedeutet:
1 cm auf der Karte entsprechen 25 000 cm = 250 m in der Wirklichkeit.
Verdoppelt man auf 2 cm auf der Karte, sind das 500 m in der Wirklichkeit.

6. [X] 20 %

Erklärung der Lösung:

Es wird gefragt, um wie viel Prozent der ursprüngliche Preis von 65 € reduziert wurde. Deshalb muss man den prozentualen Anteil von 65 € – 52 € = 13 € am ursprünglichen Preis ermitteln.

$$
\begin{aligned}
:65 \quad 65\,€ &\mathrel{\widehat{=}} 100\,\% \quad :65\\
1\,€ &\mathrel{\widehat{=}} \frac{100}{65}\,\%\\
\cdot 13 \quad 13\,€ &\mathrel{\widehat{=}} \frac{100\cdot \cancel{13}^{1}}{\cancel{65}_{5}}\,\% \quad \cdot 13\\
13\,€ &\mathrel{\widehat{=}} 20\,\%
\end{aligned}
$$

7.

$$
\begin{aligned}
A &= \frac{a+c}{2}\cdot h && |\cdot 2\\
2A &= (a+c)\cdot h && |:h \;(h\neq 0)\\
\frac{2A}{h} &= a+c && |-a\\
\frac{2A}{h} - a &= c
\end{aligned}
$$

8. Es ist ein gerades, dreiseitiges Prisma abgebildet, dessen Grundfläche ein rechtwinkliges Dreieck ist.

Berechnung des Volumens: $V = A_G \cdot h$

Mit $A_G = \frac{1}{2} a \cdot b = \frac{1}{2}\cdot 3\,\text{cm}\cdot 4\,\text{cm}$ und $h = 10\,\text{cm}$ ergibt sich:

$$V = \frac{1}{\cancel{2}_1}\cdot 3\,\text{cm}\cdot \cancel{4}^2\,\text{cm}\cdot 10\,\text{cm}$$

$$\underline{\underline{V = 60\,\text{cm}^3}}$$

9. a) $\underline{\underline{x_1 = 3; x_2 = -2}}$

Erklärung der Lösung:

Ein Produkt ergibt null, wenn einer der beiden Faktoren null ist.

erster Faktor: $x - 3 = 0 \quad \Rightarrow \quad x = 3$

zweiter Faktor:

$$\begin{aligned} 2x + 4 &= 0 && \mid -4 \\ 2x &= -4 && \mid :2 \\ x &= -2 && \Rightarrow \quad x = -2 \end{aligned}$$

b) $\underline{\underline{x_1 = 3; x_2 = -9}}$

Erklärung der Lösung:

Um die Lösungsformel für quadratische Gleichungen anwenden zu können, muss die Ausgangsgleichung in die Normalform umgewandelt werden.

$$\begin{aligned} x^2 + 6x &= 27 && \mid -27 \\ x^2 + 6x - 27 &= 0 && \mid \text{Anwendung der Lösungsformel: } x_{1;2} = -\frac{p}{2} \pm \sqrt{\left(\frac{p}{2}\right)^2 - q} \\ & && \quad p = 6 \text{ und } q = -27 \end{aligned}$$

$$x_{1;2} = -3 \pm \sqrt{9 + 27}$$
$$x_{1;2} = -3 \pm \sqrt{36}$$
$$x_{1;2} = -3 \pm 6$$
$$x_1 = 3; \; x_2 = -9$$

10. Wenn 3 Pumpen 120 min benötigen,
würde 1 Pumpe 360 min bei gleicher Pumpleistung
für die vollständige Entleerung des Wasserbeckens benötigen.

Es liegt eine indirekte Proportionalität vor:

$$\begin{aligned} :3 \; \big(\quad 3 \text{ Pumpen} &\mathrel{\hat{=}} 120 \text{ min} \quad \big) \cdot 3 \\ 1 \text{ Pumpe} &\mathrel{\hat{=}} 360 \text{ min} \\ \cdot 5 \; \big(\quad 5 \text{ Pumpen} &\mathrel{\hat{=}} 72 \text{ min} \quad \big) :5 \end{aligned}$$

Also benötigen 5 Pumpen 72 min zur vollständigen Entleerung des Wasserbeckens.

1. a) Scheitelpunkt: $S(1{,}5 \mid -1)$
   Nullstellen: $x_{N_1} = 0{,}5;\ x_{N_2} = 2{,}5$
   Wertebereich: $W_f = \{y \mid y \in \mathbb{R};\ y \geq -1\}$

   Mithilfe des GRAPH-Menüs des GTR kann man sehr schnell den Scheitelpunkt und die Nullstellen ermitteln.
   Zum Wertebereich führen folgende Überlegungen: Da der Koeffizient des quadratischen Glieds der Funktionsgleichung $y = f(x) = x^2 - 3x + \frac{5}{4}$ gleich 1 ist, handelt es sich um eine nach oben geöffnete Normalparabel. Also ist die y-Koordinate des Scheitelpunkts der kleinste Funktionswert, den die Funktion annehmen kann. Daraus ergibt sich der angegebene Wertebereich.

   b)

Vorgabe:	*Folgerung:*
lineare Funktion	$y = f(x) = mx + n \quad (x \in \mathbb{R};\ m, n \in \mathbb{R};\ m \neq 0)$
monoton wachsend	$m \in \mathbb{R}^+$
$R \in f$ mit $R(0 \mid 3{,}5)$	$n = 3{,}5;$ denn $3{,}5 = f(0) = m \cdot 0 + n$
$\alpha = 45°$	$m = \tan\alpha$
	$\tan 45° = 1$

   Es ergibt sich, dass die Funktion g durch die Gleichung
   $\underline{\underline{y = g(x)}} = 1 \cdot x + 3{,}5 = \underline{\underline{x + 3{,}5}}$ beschrieben werden kann.

   Wenn die Graphen der Funktionen f und g sich schneiden, dann haben die Schnittpunkte für ein bestimmtes x einen übereinstimmenden Funktionswert.

   Berechnung der x-Koordinate des Schnittpunkts:

$$g(x) = f(x)$$
$$x + 3{,}5 = x^2 - 3x + \frac{5}{4} \quad \mid -x - 3{,}5$$
$$0 = x^2 - 4x - 2{,}25 \quad \mid \text{GTR „EQUA“}$$
$$x_1 = 4{,}5;\ x_2 = -0{,}5$$

   Berechnung der y-Koordinate des Schnittpunkts:
   $x_1 = 4{,}5 \quad \Rightarrow \quad g(4{,}5) = 4{,}5 + 3{,}5 = 8$
   $x_2 = -0{,}5 \quad \Rightarrow \quad g(-0{,}5) = -0{,}5 + 3{,}5 = 3$

   Probe:
   $x_1 = 4{,}5 \quad \Rightarrow \quad f(4{,}5) = 4{,}5^2 - 3 \cdot 4{,}5 + \frac{5}{4} = 8$
   $x_2 = -0{,}5 \quad \Rightarrow \quad f(-0{,}5) = (-0{,}5)^2 - 3 \cdot (-0{,}5) + \frac{5}{4} = 3$

   Ergebnis: Die Graphen der Funktionen f und g schneiden sich in zwei Punkten: $\underline{\underline{S_1(4{,}5 \mid 8) \text{ und } S_2(-0{,}5 \mid 3)}}$.

2\. a) $f(x) = 6$

$6 = 1{,}5 \cdot 2^x \quad | :1{,}5$

$4 = 2^x$

$\underline{\underline{2 = x}}$

b) Eine Drehung des Graphen der Funktion f um den Punkt P(0 | 0) um 180° (Punktspiegelung an P(0 | 0)) überführt diesen Graphen in den Graphen der Funktion g.

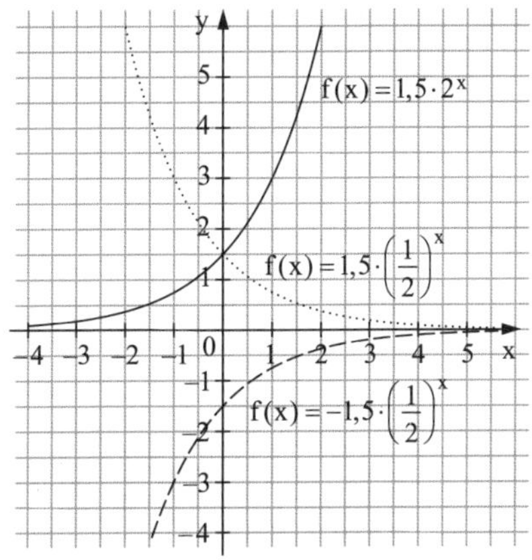

c) $y = f(x) = k \cdot a^x \ (x \in \mathbb{R};\ a \in \mathbb{R};\ a > 0;\ a \neq 1;\ k \in \mathbb{R};\ k \neq 0)$

Die Punkte $P_1(0 \mid 2{,}5)$ und $P_2(1 \mid 7{,}5)$ liegen auf dem Graphen der Exponentialfunktion. Sie erfüllen die allgemeine Funktionsgleichung.

$P_1 \in f(x)$: $2{,}5 = k \cdot a^0$ $\quad a^0 = 1$ (lt. Definition)

$2{,}5 = k$

$P_2 \in f(x)$: $7{,}5 = k \cdot a^1$ $\quad k = 2{,}5$ einsetzen

$7{,}5 = 2{,}5 \cdot a \quad | :2{,}5$

$3 = a$

Ergebnis: Die gesuchten Werte lauten $\underline{\underline{k = 2{,}5 \text{ und } a = 3}}$.

3\. a) Nach dem Satz des Thales gilt, dass jeder Peripheriewinkel über dem Durchmesser eines Kreises 90° beträgt. Der Peripheriewinkel $\sphericalangle ACB$ über dem Durchmesser $\overline{AB}$ beträgt 90°. Das Dreieck ABC ist also rechtwinklig.

b) Das Dreieck ABC ist rechtwinklig, d. h. $\overline{AC} \perp \overline{BC}$. Die Berechnung des Flächeninhaltes erfolgt mit:

$$A = \frac{1}{2} \overline{BC} \cdot \overline{AC}$$

Die Berechnung der Kathete $\overline{BC}$ ist über eine trigonometrische Beziehung im Dreieck ABC möglich.

Berechnung der Kathete $\overline{BC}$:

$$\tan\beta = \frac{\overline{AC}}{\overline{BC}} \qquad |\cdot \overline{BC}$$

$$\tan\beta \cdot \overline{BC} = \overline{AC} \qquad | : \tan\beta$$

$$\overline{BC} = \frac{\overline{AC}}{\tan\beta}$$

Berechnung des Flächeninhalts des rechtwinkligen Dreiecks ABC:

$$A = \frac{1}{2}\overline{BC}\cdot\overline{AC} = \frac{1}{2}\frac{\overline{AC}}{\tan\beta}\cdot\overline{AC} = \frac{1}{2}\frac{\overline{AC}^2}{\tan\beta}$$

Mit $\overline{AC} = b = 48$ mm und $\beta = 53{,}1°$ folgt:

$$A = \frac{1}{2}\frac{(48\text{ mm})^2}{\tan 53{,}1°} \approx 864{,}95\text{ mm}^2 \approx 8{,}65\text{ cm}^2$$

Ergebnis: Der Flächeninhalt des Dreiecks ABC beträgt rund 9 cm^2.

Die Länge der Strecke $\overline{BC}$ kann auch aus einer Konstruktion des Dreiecks ABC zeichnerisch ermittelt werden.

4. a) *Vorgabe:* 1 LE ≙ 1 m
A(1,5 | 4,5)
B(0,5 | 0)
C(5,5 | 0)
D(4,5 | 4,5)

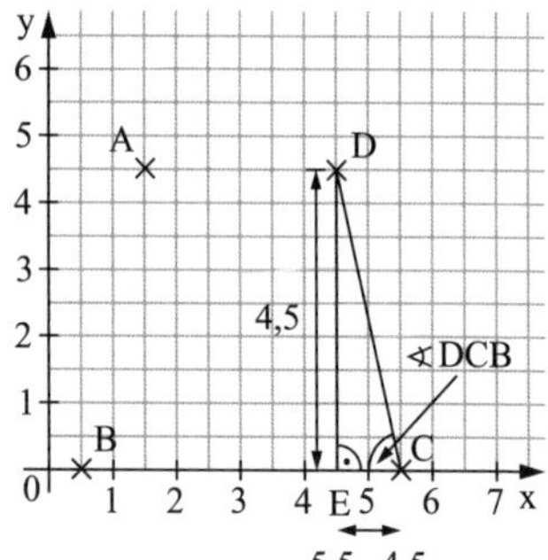

Berechnung des Abstands der Lautsprecher C und D:

Die Strecke $\overline{CD}$ kann unter Verwendung des Satzes des Pythagoras berechnet werden. Unter Beachtung des eingezeichneten rechtwinkligen Dreiecks ECD ergibt sich:

$$\overline{CD}^2 = \overline{CE}^2 + \overline{DE}^2 \qquad |\sqrt{\;}$$

$$\overline{CD} = \sqrt{\overline{CE}^2 + \overline{DE}^2}$$

$$\overline{CD} = \sqrt{(5{,}5-4{,}5)^2 + 4{,}5^2}$$

$$\overline{CD} = \sqrt{21{,}25} \approx 4{,}6$$

Ergebnis: Der Abstand der Lautsprecher C und D beträgt rund 4,6 m.

Berechnung der Größe des Winkels DCB:
Der Winkel DCB kann aufgrund des vorliegenden rechtwinkligen Dreiecks (siehe Zeichnung) mithilfe der trigonometrischen Beziehungen berechnet werden.

$$\tan \sphericalangle DCB = \frac{4{,}5}{5{,}5 - 4{,}5} = \frac{4{,}5}{1}$$

Ergebnis: $\underline{\underline{\sphericalangle DCB \approx 77{,}5°}}$

b) Veranschaulichung des Sachverhalts zur Berechnung der Wahrscheinlichkeit des Ereignisses A im Baumdiagramm:

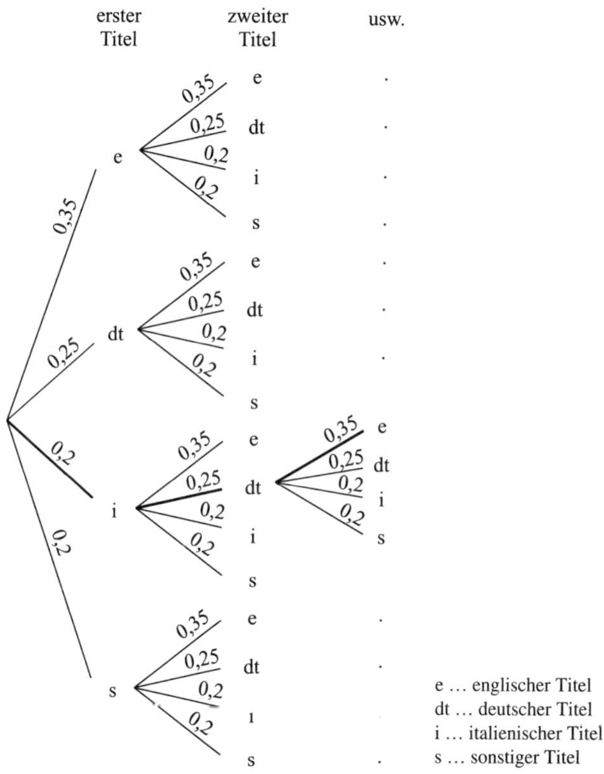

Ermittlung der Wahrscheinlichkeit des Ereignisses A:

Für das Ereignis A werden genau 3 Titel in der Reihenfolge italienischer, deutscher, englischer Titel gespielt.
Unter Verwendung der Pfadregel gilt:

$P(A) = 0{,}2 \cdot 0{,}25 \cdot 0{,}35 = \underline{\underline{0{,}0175}}$

Veranschaulichung des Sachverhalts zur Berechnung der Wahrscheinlichkeit des Ereignisses B im Baumdiagramm:

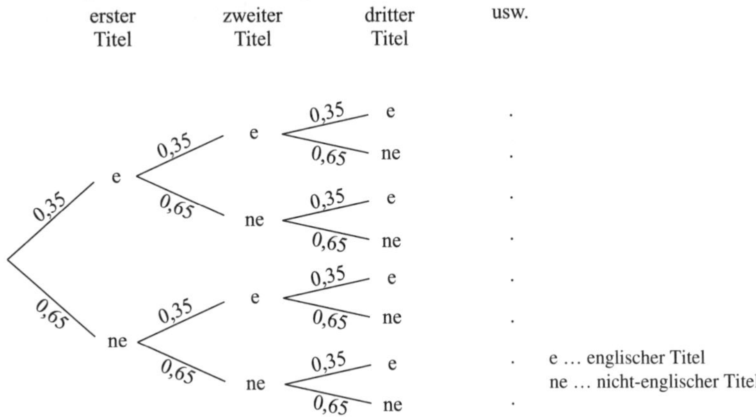

Ermittlung der Wahrscheinlichkeit des Ereignisses B:

Bei der Ermittlung der Wahrscheinlichkeit für das Ereignis B kann man ein Bernoulli-Experiment mit den zwei möglichen Ergebnissen „englischer Titel" (Wahrscheinlichkeit 35 %) und „nichtenglischer Titel" (Wahrscheinlichkeit 65 %) voraussetzen. Wenn genau 15 Titel gehört werden, darunter genau 8 englische, liegt eine Bernoulli-Kette vor. Die Zufallsgröße X beschreibt die Anzahl der gespielten englischen Titel. Die Zufallsgröße X ist binomialverteilt mit den Parametern $n = 15$ und $p = 0{,}35$.

Die Berechnung der Wahrscheinlichkeit einer binomialverteilten Zufallsgröße erfolgt in zwei Schritten:

1. Berechnung der Pfadwahrscheinlichkeit:
   Es sollen unter 15 Titeln genau 8 englische sein, also
   $0{,}35^8 \cdot 0{,}65^{15-8} = 0{,}35^8 \cdot 0{,}65^7$
2. Berechnung der Anzahl der Pfade:
   Da die Reihenfolge der Titel unberücksichtigt bleiben soll, gibt es
   $$\frac{15 \cdot 14 \cdot 13 \cdot 12 \cdot 11 \cdot 10 \cdot 9 \cdot 8}{1 \cdot 2 \cdot 3 \cdot 4 \cdot 5 \cdot 6 \cdot 7 \cdot 8} = \binom{15}{8} = 6\,435 \text{ Möglichkeiten}$$
   8 englische und 7 nichtenglische Titel zu hören.

Zusammengefasst:

$$P(X = 8) = \binom{15}{8} \cdot 0{,}35^8 \cdot 0{,}65^7 \approx \underline{\underline{0{,}071}}$$

Die ermittelte Wahrscheinlichkeit kann auch unter Verwendung eines entsprechenden Programms mithilfe des Taschenrechners bestimmt werden.

Ergebnis: Das Ergebnis A tritt mit einer Wahrscheinlichkeit von 1,75 % ein, das Ergebnis B mit rund 7,1 %.

c) Schalldruckpegel bei einem Schalldruck von 140 Pa:

$$L(p) = 20 \cdot \lg\left(\frac{p}{p_0}\right); \; p_0 = 2{,}5 \cdot 10^{-5} \text{ Pa}$$

$$L(140) = 20 \cdot \lg\left(\frac{140}{2{,}5 \cdot 10^{-5}}\right) \approx \underline{\underline{134{,}96}}$$

Ergebnis: Der Schalldruckpegel beträgt bei einem Schalldruck von 140 Pa rund 135 dB.

Zur Begründung, dass die obige Gleichung $L(p) = 20 \cdot \lg\left(\frac{p}{p_0}\right)$ in der Form

$L(p) = 5 \cdot (\lg p^4 - \lg p_0{}^4)$ geschrieben werden kann, wird sie nach gültigen Regeln umgeformt:

$$L(p) = 20 \cdot \lg\left(\frac{p}{p_0}\right)$$

$$= 5 \cdot 4 \cdot \lg\left(\frac{p}{p_0}\right) \qquad | \text{ Anwendung Logarithmengesetz}$$

$$= 5 \cdot \lg\left(\frac{p}{p_0}\right)^4 \qquad | \text{ Anwendung Potenzgesetz}$$

$$= 5 \cdot \lg\left(\frac{p^4}{p_0{}^4}\right) \qquad | \text{ Anwendung Logarithmengesetz}$$

$$\underline{\underline{L(p) = 5 \cdot (\lg p^4 - \lg p_0{}^4)}}$$

Besondere Leistungsfeststellung Mathematik Sachsen
2007

Teil A

(ohne Nutzung von Tabellen- und Formelsammlung sowie Taschenrechner)

In den Aufgaben 1 bis 6 ist von den jeweils fünf Auswahlmöglichkeiten genau eine Antwort richtig. Kreuzen Sie das jeweilige Feld an.

1. Es sind zwei gleichseitige Dreiecke mit den Seitenlängen $\frac{a}{2}$ und a gegeben (siehe Abbildung). In welchem Verhältnis stehen die Flächeninhalte der beiden Dreiecke zueinander?

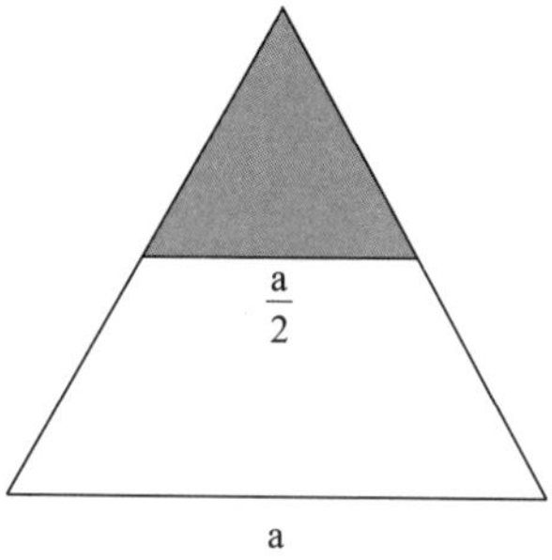

(Abbildung nicht maßstäblich)

(1 BE)

☐	☐	☐	☐	☐
1 : 10	1 : 5	1 : 4	1 : 3	1 : 2

2. Welche der durch die Gleichungen gegebenen Funktionen ergibt für $-2{,}5 \le x \le 2{,}5$ und $-2{,}5 \le y \le 2{,}5$ den dargestellten Graphen?

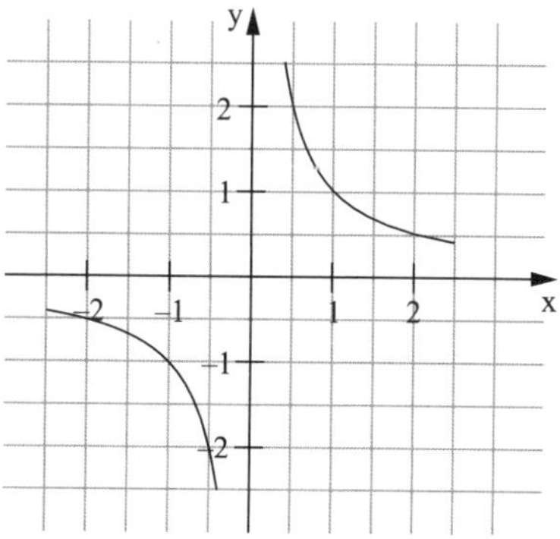

(1 BE)

☐	☐	☐	☐	☐
$f(x) = x^2$	$f(x) = x^{-2}$	$f(x) = \sqrt{x}$	$f(x) = x^{-1}$	$f(x) = \tan x$

3. Auf einen Würfel mit der Kantenlänge 2 cm wird eine gerade, quadratische Pyramide mit der Höhe 2 cm und der Grundkantenlänge 1 cm so aufgesetzt, dass die Mittelpunkte der Grundfläche der Pyramide und der Deckfläche des Würfels übereinanderliegen. Der entstehende, zusammengesetzte Körper besitzt dann genau (1 BE)

☐	☐	☐	☐	☐
20 Kanten, 13 Ecken und 10 Flächen.	20 Kanten, 13 Ecken und 13 Flächen.	16 Kanten, 9 Ecken und 9 Flächen.	16 Kanten, 9 Ecken und 8 Flächen.	20 Kanten, 9 Ecken und 10 Flächen.

4. Ein Fotoapparat kostet 300,00 €. Der Preis wird zunächst um 10 % gesenkt und später um 10 % heraufgesetzt.
Wie teuer ist das Gerät nach diesen beiden Preisänderungen? (1 BE)

☐	☐	☐	☐	☐
198 €	270 €	297 €	300 €	330 €

5. In einer Urne befinden sich nur 18 schwarze Kugeln.
Wie viele rote Kugeln müssen hinzugefügt werden, damit beim einmaligen Ziehen genau einer Kugel die Wahrscheinlichkeit für das Erhalten einer roten Kugel $\frac{2}{3}$ beträgt? (1 BE)

☐	☐	☐	☐	☐
6	9	12	27	36

6. Die Gleichung $a \cdot x^2 + b \cdot x = c$ besitzt für alle $a \in \mathbb{R}$, $b \in \mathbb{R}$, $c \in \mathbb{R}$, $a \neq 0$ im Bereich der reellen Zahlen (1 BE)

☐	☐	☐	☐	☐
genau eine Lösung.	genau zwei Lösungen.	mindestens zwei Lösungen.	höchstens zwei Lösungen.	höchstens eine Lösung.

7. Lösen Sie die folgende Gleichung für $x \in \mathbb{R}$: $2x^2 + 2x = 4$ (2 BE)

8. Geben Sie die Größe des Winkels α an.
Nennen Sie mindestens einen mathematischen Satz, den Sie bei Ihren Überlegungen verwendet haben.

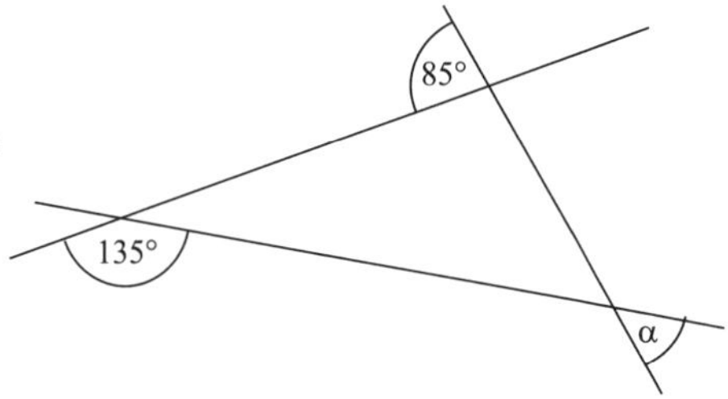

(2 BE)

(Abbildung nicht maßstäblich)

9. Der abgebildete, quaderförmige Behälter ABCDEFGH mit $\overline{AB} = 10\,\text{cm}$, $\overline{BC} = 10\,\text{cm}$ und $\overline{BF} = 30\,\text{cm}$ wird über einen Zulauf mit Wasser gefüllt. Dabei fließt gleichmäßig pro Minute 1 Liter Wasser in den Behälter. Im Diagramm ist die Füllhöhe h in Abhängigkeit von der Füllzeit t dargestellt.

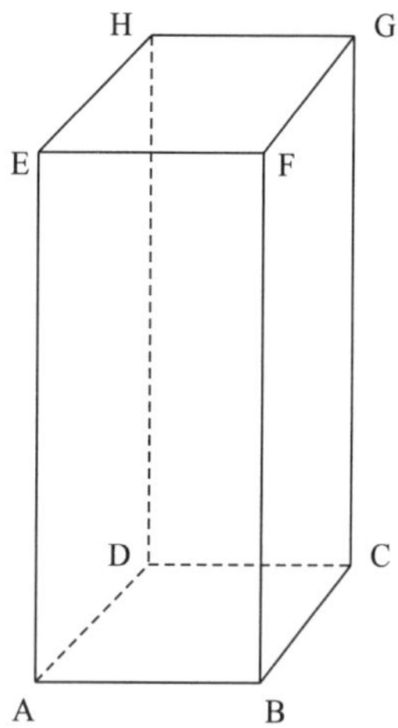

(Abbildung nicht maßstäblich)

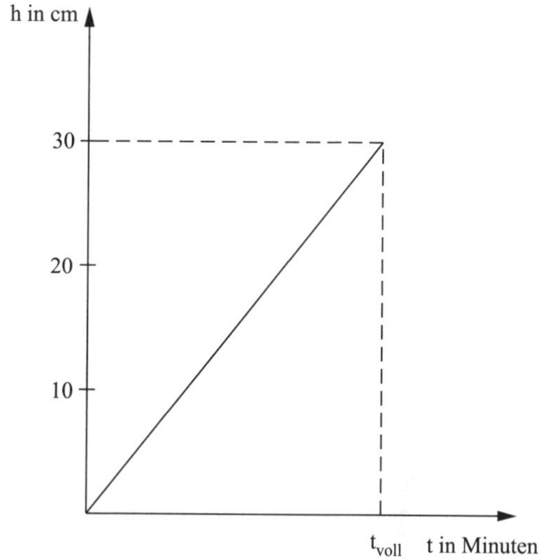

a) Begründen Sie, warum der Zusammenhang zwischen h und t direkt proportional ist. (2 BE)

b) Ermitteln Sie die Zeit t_{voll}. (2 BE)

c) Der Behälter wird so gedreht, dass er auf der Seitenfläche BCGF liegt und erneut über den gleichen Zulauf wie oben mit Wasser gefüllt wird. Zeichnen Sie in obiges Koordinatensystem den Füllgraphen für diese Füllung ein. (1 BE)

Teil B

1. Gegeben ist die Funktion f durch die Gleichung $y = f(x) = 2^{x+2} - 1$ $(x \in D_f)$.

   a) Geben Sie den Definitionsbereich, den Wertebereich und die Nullstelle der Funktion f an. (3 BE)

   b) Der Punkt $A(-4 \mid y_A)$ liegt auf dem Graphen von f.
   Geben Sie die fehlende Koordinate y_A an.
   Ermitteln Sie das Argument zum Funktionswert 63. (3 BE)

   c) Eine Funktion g mit $y = g(x) = a \cdot 2^x + b$ $(a \in \mathbb{R}, b \in \mathbb{R}, x \in D_g)$ hat die Nullstelle $x_N = 0$.
   Ihr Graph verläuft durch den Punkt $(3 \mid 14)$.
   Ermitteln Sie a und b. (3 BE)

2. Ein Schotterhaufen ist als gerader Kreiskegel aufgeschüttet (siehe Abbildung). Der Umfang des Grundkreises ist 9,00 m lang und der Schüttwinkel α beträgt 100°.

   Der Schotter soll vollständig in den quaderförmigen Laderaum eines Transporters (Länge 1,80 m, Breite 1,40 m und Höhe 1,10 m) umgeladen werden.

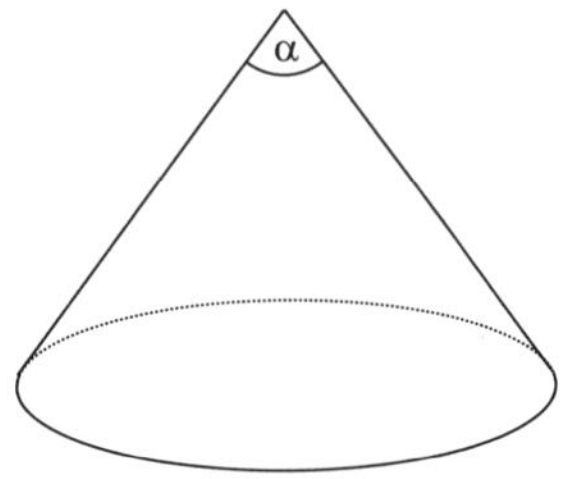

(Abbildung nicht maßstäblich)

   a) Berechnen Sie, wie viele Kubikmeter Schotter umgeladen werden sollen. (4 BE)

   b) Ermitteln Sie, wie hoch der Laderaum des Transporters mit Schotter gefüllt ist, wenn er dort überall gleich hoch liegt. (2 BE)

3. Die Punkte A, B, C und D liegen auf einem Kreis k (siehe Abbildung).

   Ermitteln Sie die Länge der Strecke $\overline{AC}$ für $\sphericalangle ADB = 60°$, $\sphericalangle CBA = 80°$ und $\overline{AB} = 4{,}2\,\text{cm}$.

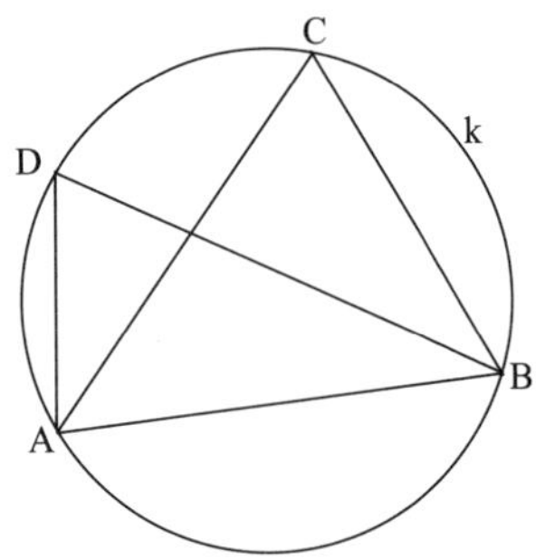

(Abbildung nicht maßstäblich) (3 BE)

4. Die bei einer Fahrt mit der Achterbahn im Abschnitt zwischen den Punkten A und D erreichte Höhe kann durch die Graphen der Funktionen f_1 und f_2 mit $f_1(x) = 5 \cdot \sin\left(\frac{x}{20}\right) + 8$ $(x \in \mathbb{R},\ 0 \le x \le 40\pi)$ und $f_2(x) = 2{,}5 \cdot \sin\left(\frac{x}{10}\right) + 8$ $(x \in \mathbb{R},\ 40\pi \le x \le 55\pi)$ beschrieben werden (1 Einheit entspricht 1,0 m).

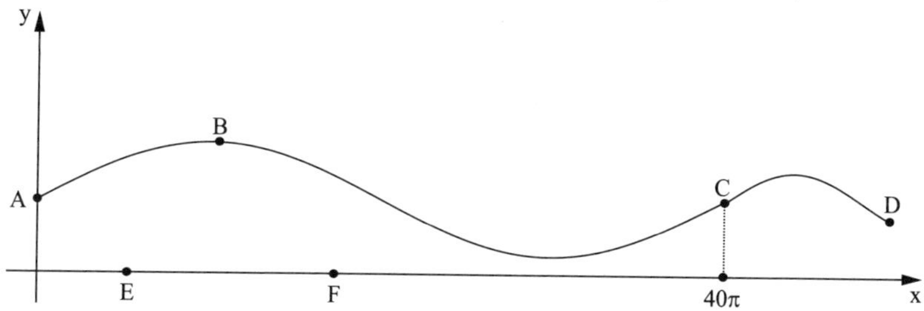

a) Zeigen Sie, dass die Funktionswerte der Funktionen f_1 und f_2 an der Stelle $x = 40\pi$ übereinstimmen. (2 BE)

b) Der Punkt B ist der höchste Punkt dieses Achterbahnabschnitts. Begründen Sie, dass der Punkt B die Koordinaten $(10\pi\,|\,13)$ hat. (2 BE)

c) Ausgehend von den Punkten $E(5\pi\,|\,0)$ und $F(15\pi\,|\,0)$ verlaufen Stützen $\overline{EB}$ und $\overline{FB}$ an den Punkt B der Achterbahn.
Berechnen Sie die Länge einer Stütze und die Größe des Winkels FEB. (4 BE)

d) Für die Besucher dieser Achterbahn stehen Wagen in den Farben rot, grün und blau zur Verfügung. Genau 9 Wagen sind rot, 15 grün und 21 blau. Für einen Zug werden aus diesen 45 Wagen genau 3 Wagen zufällig ausgewählt.
Ermitteln Sie die Wahrscheinlichkeiten folgender Ereignisse:
Ereignis A: Der Zug enthält drei gleichfarbige Wagen.
Ereignis B: Der Zug enthält mindestens zwei grüne Wagen. (4 BE)

Lösungstipps zu Teil B

Tipps zu Aufgabe 1

a)

- Veranschaulichen Sie sich den Graphen der Funktion mithilfe des GTR.
- Arbeiten Sie dazu im GRAPH-Menü.
- Ermitteln Sie mit dem Befehl „ROOT“ die Nullstelle der Funktion.

b)

- Da der Punkt $A(-4 \mid y_A)$ auf dem Graphen der Funktion liegt, erfüllen die Koordinaten des Punktes die Funktionsgleichung $y = f(x) = 2^{x+2} - 1$.
- Setzen Sie $x = -4$ in die Funktionsgleichung ein.
- Berechnen Sie $y = f(-4)$.
- Setzen Sie für den Funktionswert f(x) 63 ein.
- Stellen Sie die Gleichung $63 = 2^{x+2} - 1$ nach x um.

c)

- Die Punkte $P(3 \mid 14)$ und $N(0 \mid 0)$ liegen auf dem Graphen der Funktion mit der Gleichung $y = g(x) = a \cdot 2^x + b$ $(a \in \mathbb{R};\ b \in \mathbb{R};\ x \in \mathbb{D}_g)$.
- Deshalb müssen die Koordinaten dieser Punkte die Funktionsgleichung erfüllen.
- Setzen Sie die Koordinaten der Punkte in die Funktionsgleichung ein und lösen Sie dieses Gleichungssystem.

Tipps zu Aufgabe 2

a)

- Das Volumen des aufgeschütteten, geraden Kreiskegels berechnet man mit $V = \frac{1}{3}\pi \cdot r^2 \cdot h$.
- Berechnen Sie aus dem gegebenen Umfang den Radius des Grundkreises.
- Zeichnen Sie das gleichschenklige Dreieck, das beim senkrechten Schnitt zur Grundfläche durch den Körper und seine Spitze entsteht. Dieses Hilfsdreieck enthält den Schüttwinkel α, den Durchmesser $d = 2r$ des Grundkreises, die Höhe h und die Mantellinie s.
- Zerlegen Sie dieses gleichschenklige Hilfsdreieck durch die Höhe in zwei rechtwinklige Dreiecke.
- Wenden Sie zur Berechnung der Höhe eine geeignete trigonometrische Beziehung an.

b)

Stellen Sie die Volumenformel des Quaders nach der Höhe um.

Tipps zu Aufgabe 3

Wenden Sie den Peripheriewinkelsatz an.

Damit liegt ein beliebiges Dreieck vor, in dem zwei Winkelgrößen und die Länge einer Seite bekannt sind.

Wenden Sie den Sinussatz auf dieses Dreieck an.

Tipps zu Aufgabe 4

a)

Setzen Sie das Argument $x = 40\pi$ jeweils in die Funktionsgleichung ein.

Berechnen Sie schrittweise die zugehörigen Funktionswerte und vergleichen Sie diese miteinander.

b)

Begründen Sie die Richtigkeit der x-Koordinate durch Ermittlung der kleinsten Periode der Funktion und durch Vergleich mit der Funktion $y = f(x) = \sin x \ (x \in \mathbb{R})$.

Begründen Sie die Richtigkeit der y-Koordinate durch Vergleich mit der Funktion $y = f(x) = \sin x \ (x \in \mathbb{R})$.

Betrachten Sie dazu die Streckung und Verschiebung des Graphen der Funktion $f_1(x) = 5 \cdot \sin\left(\frac{x}{20}\right) + 8 \ \ (x \in \mathbb{R};\ 0 \le x \le 40\pi)$ im Vergleich zum Graphen der Funktion $f(x) = \sin x$ in diesem Intervall.

c)

Zeichnen Sie sich das gleichschenklige Dreieck EFB mit der Höhe h_b auf.

Wenden Sie auf ein entstandenes rechtwinkliges Dreieck den Satz des Pythagoras an.

Berechnen Sie die gesuchte Winkelgröße über eine trigonometrische Beziehung im rechtwinkligen Dreieck.

d)

Fertigen Sie ein auf die jeweilige Aufgabenstellung bezogenes Baumdiagramm an, das alle für das Ereignis zutreffende Pfade enthält.

1. ☒ 1 : 4

Erklärung der Lösung:

In der Skizze ist veranschaulicht, dass das kleinere gleichseitige Dreieck genau viermal in das große gleichseitige Dreieck hineinpasst. Damit ergibt sich ein Verhältnis von 1 : 4 für die Flächeninhalte zueinander.

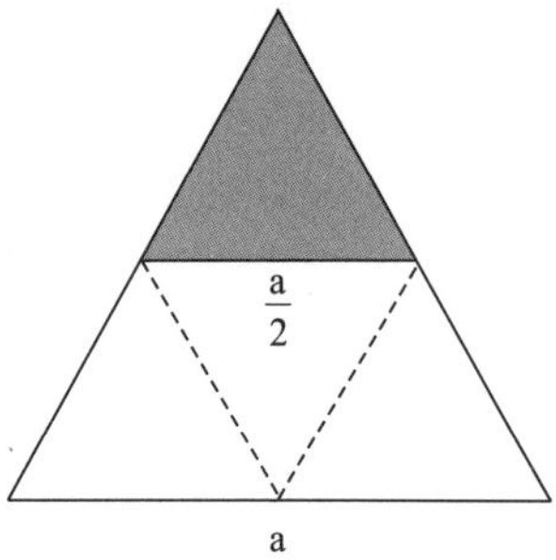

2. ☒ $f(x) = x^{-1}$

Erklärung der Lösung:

1. Lösungsmöglichkeit:

Die grafische Darstellung lässt erkennen, dass an der Stelle $x = 0$ kein Funktionswert existiert. Deshalb sind die gegebenen Funktionen mit den Gleichungen $f(x) = x^2$; $f(x) = \sqrt{x}$ und $f(x) = \tan x$ auszuschließen, da für sie $f(0) = 0$ gelten würde.
Der Abbildung kann man entnehmen, dass der Punkt $P(-1\,|\,-1)$ auf dem Graphen der Funktion liegt.
Die Punktprobe ergibt, dass die Funktion $f(x) = x^{-1}$ zugeordnet werden muss:

$f(x) = x^{-2} = \frac{1}{x^2}$	$f(x) = x^{-1} = \frac{1}{x}$
$f(-1) = \frac{1}{(-1)^2} = 1$	$f(-1) = \frac{1}{-1} = -1$
$f(-1) = 1$	$f(-1) = -1$
$P(-1\|1) \notin f$	$\underline{P(-1\|-1) \in f}$

2. Lösungsmöglichkeit:

Die zwei Hyperbeläste lassen auf eine Potenzfunktion mit ganzzahligem, negativem Exponenten schließen.
Aus der Lage des Graphen im I. und III. Quadranten des Koordinatensystems erkennt man, dass nur ein ungerader Exponent infrage kommt.
Ergebnis: $f(x) = x^{-1}$

3. ☒ 20 Kanten, 13 Ecken, 10 Flächen

Erklärung der Lösung:

Der zusammengesetzte Körper könnte wie in der nebenstehenden Skizze veranschaulicht aussehen.
Zu den 12 Kanten des Würfels kommen 8 Kanten von der Pyramide. Zu den 8 Würfelecken addiert man die 5 Pyramidenecken. Die 6 Würfelflächen werden mit 4 Pyramidenflächen zusammengenommen.

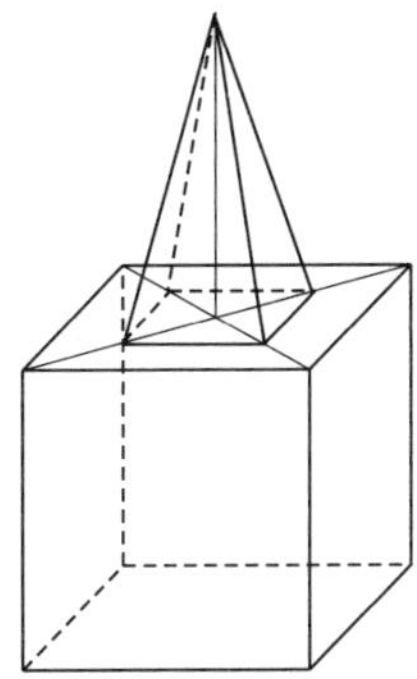

4. ☒ 297 €

Erklärung der Lösung:

Eine Preissenkung um 10 % ergibt einen Preis von 270 € für den Fotoapparat, denn 10 % von 300 € = 30 € und 300 € − 30 € = 270 €.
Der neue Grundwert ist 270 €.
Berechnet man 10 % von 270 €, erhält man 27 €.
Der neue Preis ergibt sich aus 270 € und der Erhöhung um 27 €. Damit kostet das Gerät nun 270 € + 27 € = 297 €.

5. ☒ 36

Erklärung der Lösung:

Die Wahrscheinlichkeit für das Ziehen einer roten Kugel ist mit $\frac{2}{3}$ gegeben. Das bedeutet, dass das Verhältnis der roten zu den schwarzen Kugeln 2 : 1 ist.
Es müssen also doppelt so viele rote Kugeln wie schwarze vorhanden sein:
$2 \cdot 18 = 36$.

6. ☒ höchstens zwei Lösungen

Erklärung der Lösung:

Es liegt eine Gleichung zweiten Grades vor, die man durch Umformung in die Normalform bringt. Danach wird die Lösungsformel angewendet.

$$a \cdot x^2 + b \cdot x = c \quad | -c$$

$$a \cdot x^2 + b \cdot x - c = 0 \quad | \text{ a ausklammern}$$

$$a\left(x^2 + \frac{b}{a}x - \frac{c}{a}\right) = 0 \quad | \; a \neq 0; \frac{b}{a} = p; -\frac{c}{a} = q$$

$$x^2 + px + q = 0 \quad | \text{ Anwendung der Lösungsformel}$$

$$x_{1/2} = -\frac{p}{2} \pm \sqrt{\left(\frac{p}{2}\right)^2 - q}$$

Der Radikand schränkt die Lösungsmenge ein. Folgende drei Fälle lassen sich unterscheiden:

1. Fall: Es existiert für die Gleichung genau eine Lösung, falls $\left(\frac{p}{2}\right)^2 - q = 0$.

2. Fall: Es existiert für die Gleichung keine Lösung, falls $\left(\frac{p}{2}\right)^2 - q < 0$.

3. Fall: Es existieren für die Gleichung zwei Lösungen, falls $\left(\frac{p}{2}\right)^2 - q > 0$.

Man kann daraus schlussfolgern, dass höchstens zwei Lösungen für die Gleichung $a \cdot x^2 + b \cdot x = c$ existieren.

Die Aufgabe 14 aus dem Teil „Trainingsaufgaben Grundwissen" erläutert diese drei Fälle am Beispiel.

7.

$$2x^2 + 2x = 4 \quad | -4$$

$$2x^2 + 2x - 4 = 0 \quad | \text{ 2 ausklammern}$$

$$2(x^2 + x - 2) = 0 \quad | :2$$

$$x^2 + x - 2 = 0 \quad | \text{ Anwendung der Lösungsformel: } x_{1/2} = -\frac{p}{2} \pm \sqrt{\left(\frac{p}{2}\right)^2 - q} \text{ mit } p = 1 \text{ und } q = -2$$

$$x_{1/2} = -\frac{1}{2} \pm \sqrt{\frac{1}{4} + 2}$$

$$x_{1/2} = -\frac{1}{2} \pm \sqrt{\frac{1}{4} + \frac{8}{4}}$$

$$x_{1/2} = -\frac{1}{2} \pm \sqrt{\frac{9}{4}}$$

$$x_{1/2} = -\frac{1}{2} \pm \frac{3}{2}$$

$$\underline{\underline{x_1}} = -\frac{1}{2} + \frac{3}{2} = \underline{\underline{1}}$$

$$\underline{\underline{x_2}} = -\frac{1}{2} - \frac{3}{2} = \underline{\underline{-2}}$$

8. $\underline{\underline{\alpha = 40°}}$; Nebenwinkelsatz

Erklärung der Lösung:

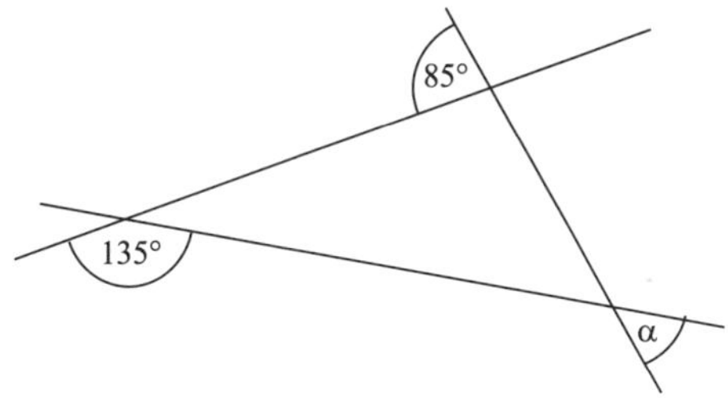

(Abbildung nicht maßstäblich)

Der Nebenwinkel zu 135° beträgt 45°. Der Nebenwinkel zu 85° ist 95°. (Nebenwinkelsatz: Die Summe zweier Nebenwinkel beträgt 180°. Nebenwinkel haben den Scheitel und einen Schenkel gemeinsam. Die beiden anderen Schenkel der Winkel liegen auf einer Geraden.)
Über die Innenwinkelsumme im Dreieck kann man den Scheitelwinkel des Winkels α berechnen:
$180° - 45° - 95° = 40°$
Da Scheitelwinkel gleich groß sind, ergibt sich $\alpha = 40°$.

9. a) Der Zulauf des Wassers erfolgt mit $1\frac{\ell}{\text{min}}$ gleichmäßig. Die Fläche, auf die das Wasser im Quader trifft, ändert sich nicht. Das bedeutet, dass das jeweilige Wasservolumen im Quader direkt proportional zur Füllstandshöhe des Wassers ist.
Das Wasservolumen erhöht sich jede Minute um 1 ℓ. Aus der Abhängigkeit der Wasserstandshöhe zum Volumen und der Abhängigkeit von Volumenänderung zur Zeitänderung ergibt sich, dass auch der Zusammenhang h und t direkt proportional ist.

Darüber hinaus zeigt die grafische Darstellung des Zusammenhanges zwischen h und t eine Gerade durch den Koordinatenursprung. Sie ist Merkmal einer direkten Proportionalität.

b) $V = a \cdot b \cdot h$
$V = 10\,\text{cm} \cdot 10\,\text{cm} \cdot 30\,\text{cm}$
$V = 3\,000\,\text{cm}^3 = 3\,\text{dm}^3$
$V = 3\,\ell$

Da eine direkte Proportionalität vorliegt, gilt:

$$\cdot 3 \left(\begin{array}{lcl} 1\,\ell \text{ Wasser} & \mathrel{\hat{=}} & 1 \text{ Minute} \\ 3\,\ell \text{ Wasser} & \mathrel{\hat{=}} & 3 \text{ Minuten} \end{array} \right) \cdot 3$$

Ergebnis: Nach 3 min ist der Behälter vollständig gefüllt.

c) 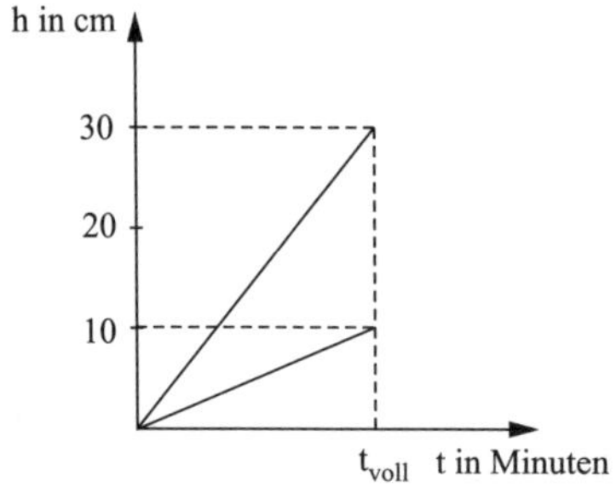

Erklärung der Lösung:

Der auf die Seite gekippte Behälter wird über den gleichen Wasserzulauf wie vorher gefüllt. Er muss also nach der gleichen Zeit vollständig gefüllt sein. Die Füllhöhe ($h = 10$ cm) entspricht der nun vorliegenden Behälterhöhe ($\overline{AB} = 10$ cm).

Lösungen zu Teil B

1. $y = f(x) = 2^{x+2} - 1$

a) Definitionsbereich: $D_f = \{x \mid x \in \mathbb{R}\}$
Wertebereich: $W_f = \{y \mid y \in \mathbb{R};\ y > -1\}$
Nullstellen: $x_N = -2$

Erklärung der Lösung:

Definitionsbereich: Der Funktionsterm $2^{x+2} - 1$ ist für jedes $x \in \mathbb{R}$ berechenbar.

Wertebereich: Der Term 2^x ist für jedes $x \in \mathbb{R}$ eine positive Zahl. Damit ergibt sich auch für 2^{x+2} eine positive Zahl, da $2^{x+2} = 2^x \cdot 2^2 = 4 \cdot 2^x$ ist.
Die Subtraktion von 1 schließt die Überlegung zum Wertebereich ab:

$$2^{x+2} > 0 \qquad | -1$$
$$2^{x+2} - 1 > -1$$

Nullstelle:
$$0 = 2^{x_N + 2} - 1$$
$$0 = 2^{x_N} \cdot 2^2 - 1 \qquad | +1$$
$$1 = 4 \cdot 2^{x_N} \qquad | :4$$
$$\frac{1}{4} = 2^{x_N} \qquad | \text{ Definition anwenden}$$
$$2^{-2} = 2^{x_N}$$
$$x_N = -2$$

Arbeitet man im GRAPH-Menü des GTR, kann der dargestellte Funktionsgraph die Überlegungen zum Definitions- und Wertebereich unterstützen. Die Nullstelle lässt sich mit dem Befehl „Root“ im entsprechend eingestellten Intervall ermitteln.

b) $\underline{\underline{y_A = -\frac{3}{4}}}$

Erklärung der Lösung:

Da der Punkt A auf dem Graphen der Funktion liegt, müssen die Koordinaten des Punktes die Funktionsgleichung $y = f(x) = 2^{x+2} - 1$ erfüllen.
Die x-Koordinate wird in die Funktionsgleichung eingesetzt und der zugehörige Funktionswert berechnet.

$$f(-4) = 2^{-4+2} - 1$$
$$y_A = 2^{-2} - 1$$
$$y_A = \frac{1}{4} - 1$$
$$y_A = -\frac{3}{4}$$

Man könnte auch den Funktionsgraph im GRAPH-Menü des GTR darstellen und über y-cal den gesuchten Funktionswert durch Eingabe von $x = -4$ ermitteln.

Zum gegebenen Funktionswert ist nun das Argument zu ermitteln.
Durch Einsetzen des Funktionswertes 63 in die Funktionsgleichung $y = f(x) = 2^{x+2} - 1$ bestimmt man das zugehörige Argument.

$$63 = 2^{x+2} - 1 \qquad | +1$$
$$64 = 2^{x+2} \qquad | \text{ Anwendung Potenzgesetz}$$
$$64 = 2^x \cdot 2^2 \qquad | : 2^2 \quad (2^2 = 4)$$
$$16 = 2^x$$
$$\underline{\underline{x = 4}}$$

Ebenso wie in der vorherigen Teilaufgabe lässt sich das Argument zum Funktionswert 63 mithilfe des GRAPH-Menüs des GTR über x-cal bestimmen.

c) $y = g(x) = a \cdot 2^x + b \qquad (a \in \mathbb{R}; b \in \mathbb{R}; x \in \mathbb{D}_g)$
$x_N = 0$
$P(3 \mid 14); P \in g(x)$
Für die Funktion mit der Gleichung $y = g(x) = a \cdot 2^x + b$ ist mit der Nullstelle neben dem Punkt $P(3 \mid 14)$ der Punkt $N(0 \mid 0)$ gegeben. Die Koordinaten beider Punkte müssen die Funktionsgleichung erfüllen. Die Lösung des aufgestellten linearen Gleichungssystems liefert die Werte für a und b.

N(0 | 0) einsetzen: (I) $0 = a \cdot 2^0 + b$
P(3 | 14) einsetzen: (II) $14 = a \cdot 2^3 + b$

Lösen des linearen Gleichungssystems ohne Hilfsmittel:
Die erste Gleichung wird nach einer Variablen umgestellt.

$0 = a \cdot 2^0 + b$ | nach Definition gilt: $2^0 = 1$
$0 = a + b$ | $-a$
$-a = b$

In der zweiten Gleichung wird durch Einsetzen eine Variable ersetzt. Die entstehende Gleichung mit nur einer Unbekannten wird gelöst.

$14 = a \cdot 2^3 - a$
$14 = 8 \cdot a - a$
$14 = 7a$ | :7
$2 = a$

Da $b = -a$ ist, muss $b = -2$ gelten.

Lösen des linearen Gleichungssystems mit Hilfsmitteln:
Das oben aufgestellte lineare Gleichungssystem kann mithilfe des GTR (EQUA-Menü) gelöst werden.

Ergebnis: $\underline{\underline{a = 2; b = -2}}$

2. a) Das Volumen des aufgeschütteten geraden Kreiskegels berechnet sich mit $V = \frac{1}{3}\pi r^2 \cdot h$.

Berechnung des Radius bei gegebenem Umfang $u = 9{,}00$ m:

$u = 2\pi r$ | :2π und Seitentausch

$$r = \frac{u}{2\pi}$$

$$r = \frac{9{,}00\text{ m}}{2\pi}$$

$(r \approx 1{,}432\text{ m})$

Berechnung der Kreiskegelhöhe:
Das gleichschenklige Dreieck (s. Skizze) lässt sich in zwei rechtwinklige Dreiecke zerlegen. Im rechtwinkligen Dreieck ADS gilt:

$$\tan\frac{\alpha}{2} = \frac{r}{h}$$

Die Umstellung der Gleichung liefert den Berechnungsterm für die Höhe.

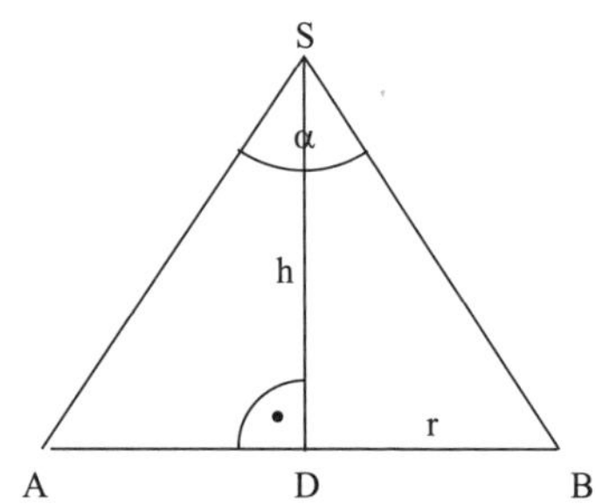

(Skizze des Kegelschnittes)

$$\tan\frac{\alpha}{2} = \frac{r}{h} \qquad \Big|\cdot h$$

$$h \cdot \tan\frac{\alpha}{2} = r \qquad \Big|:\tan\frac{\alpha}{2}$$

$$h = \frac{r}{\tan\frac{\alpha}{2}}$$

$$\left(\frac{\alpha}{2} = 50° \;\Rightarrow\; h \approx 1{,}202 \text{ m}\right)$$

Berechnung des Volumens des geraden Kreiskegels:

$$V = \frac{1}{3}\pi r^2 \cdot h$$

$$V = \frac{1}{3}\pi\left(\frac{u}{2\pi}\right)^2 \cdot \frac{r}{\tan\frac{\alpha}{2}}$$

$$V = \frac{1}{3}\pi\left(\frac{9{,}00 \text{ m}}{2\pi}\right)^2 \cdot \frac{\frac{9{,}00 \text{ m}}{2\pi}}{\tan 50°}$$

$$V = \frac{1}{24\pi^2 \cdot \tan 50°} \cdot (9{,}00 \text{ m})^3$$

$$V = \frac{243}{8\pi^2 \cdot \tan 50°} \text{m}^3$$

$$\underline{\underline{V \approx 2{,}58 \text{ m}^3}}$$

Ergebnis: Es müssten 2,58 m^3 Schotter umgeladen werden.

b) Etwa 2,58 m^3 Schotter werden in einen Transporter mit einem $a = 1{,}80$ m langen und $b = 1{,}40$ m breiten Laderaum umgeladen. Gesucht ist die Füllhöhe. Idealerweise ergibt sich ein „Schotterquader“, von dem das Volumen und die Grundfläche bekannt sind. Die gesuchte Quaderhöhe h ergibt sich aus der Umstellung der Volumenformel.

$$V = a \cdot b \cdot h \qquad \Big| : (a \cdot b) \text{ und Seitentausch}$$

$$h = \frac{V}{a \cdot b}$$

$$h \approx \frac{2{,}58 \text{ m}^3}{1{,}80 \text{ m} \cdot 1{,}40 \text{ m}}$$

$$\underline{\underline{h \approx 1{,}02 \text{ m}}}$$

Ergebnis: Der Transporter ist bis zu einer Höhe von 1,02 m gleichmäßig mit Schotter gefüllt.

3. Die gegebenen Größen sind in der nebenstehenden Skizze eingetragen. Die Länge der Strecke $\overline{AC}$ ist zu ermitteln.
Im Dreieck ABC sind eine Seite und ein Winkel gegeben. Durch die Berechnung eines weiteren Winkels kann mithilfe des Sinussatzes die Länge der Strecke $\overline{AC}$ bestimmt werden.
Der Winkel ACB ist Peripheriewinkel über dem Bogen $\overset{\frown}{AB}$, ebenso wie der Winkel ADB.

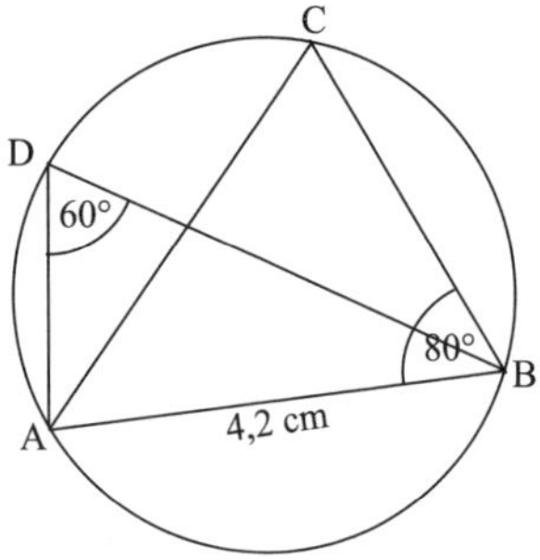

(Abbildung nicht maßstäblich)

Peripheriewinkel über demselben Bogen eines Kreises sind gleich groß (Peripheriewinkelsatz).

Das heißt, $\sphericalangle ADB = \sphericalangle ACB = 60°$.

Berechnung der Länge der Strecke $\overline{AC}$:

$$\frac{\overline{AC}}{\sin 80°} = \frac{4{,}2\text{ cm}}{\sin 60°} \qquad | \cdot \sin 80°$$

$$\overline{AC} = \frac{4{,}2\text{ cm} \cdot \sin 80°}{\sin 60°}$$

$$\underline{\underline{\overline{AC} \approx 4{,}8\text{ cm}}}$$

Ergebnis: Die Strecke $\overline{AC}$ ist rund 4,8 cm lang.

4. a)
$$\begin{aligned} f_1(40\pi) &= 5 \cdot \sin\left(\frac{40\pi}{20}\right) + 8 \\ &= 5 \cdot \underbrace{\sin 2\pi}_{0} + 8 \\ &= 8 \end{aligned}$$

$$\begin{aligned} f_2(40\pi) &= 2{,}5 \cdot \sin\left(\frac{40\pi}{10}\right) + 8 \\ &= 2{,}5 \cdot \underbrace{\sin 4\pi}_{0} + 8 \\ &= 8 \end{aligned}$$

Schlussfolgerung: $\underline{\underline{f_1(40\pi) = f_2(40\pi) = 8}}$

b) Man erhält den Graphen der Funktion $f_1(x) = 5 \cdot \sin\left(\frac{x}{20}\right) + 8$ schrittweise aus dem Graphen der Funktion $y = f(x) = \sin x$, indem man diesen mit dem Faktor 5 in y-Richtung und mit dem Faktor 20 in x-Richtung streckt und um 8 Einheiten in y-Richtung verschiebt.

Die kleinste Periode der Funktion $f_1(x) = 5 \cdot \sin\left(\frac{x}{20}\right) + 8$ ist $2\pi : \frac{1}{20} = 40\pi$ (vgl. Abb.). Bei einem Viertel der Periode der Funktion liegt ein Maximum vor. Die x-Koordinate des Punktes B muss also $\frac{1}{4}$ von 40π, d. h. $\frac{1}{4} \cdot 40\pi = 10\pi$ sein.

Da die Funktion $y = f(x) = \sin x$ den maximalen Funktionswert $y = 1$ hat, ergibt sich aus den vorangegangenen Überlegungen (Streckung und Verschiebung in y-Richtung) für die Funktion $f_1(x) = 5 \cdot \sin\left(\frac{x}{20}\right) + 8$ folgender maximaler Funktionswert: $1 \cdot 5 + 8 = 13$

Ergebnis: Der höchste Punkt B der Achterbahn hat die Koordinaten $(10\pi \mid 13)$.

Wenn die Richtigkeit einer Koordinate begründet wurde, kann die zugehörige andere Koordinate durch Einsetzen in die Funktionsgleichung nachgewiesen werden.

c) Die nebenstehende Skizze verdeutlicht den Sachverhalt. Mithilfe der gegebenen Punkte B, E und F und dem rechtwinkligen Dreieck EDB lassen sich die Länge der Strecke $(\overline{EB})$ und die Größe des Winkels FEB berechnen.

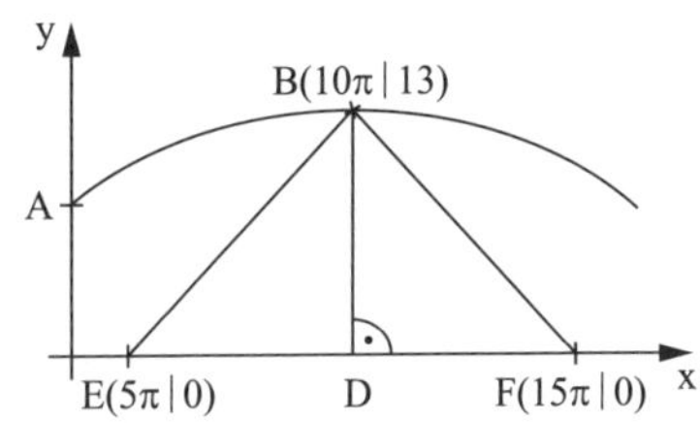

Berechnung der Länge der Strecke $\overline{EB}$:

Das Dreieck EFB ist gleichschenklig und wird durch die Höhe $(\overline{BD})$ in zwei kongruente, rechtwinklige Dreiecke zerlegt. Die Länge der Strecke $\overline{EB}$ berechnet man mithilfe des Satzes von Pythagoras.

$\overline{EB}^2 = \overline{ED}^2 + \overline{BD}^2 \quad | \sqrt{\ }$

$\overline{EB} = \sqrt{\overline{ED}^2 + \overline{BD}^2}$

$\overline{EB} > 0$

$\overline{ED} = \frac{15\pi - 5\pi}{2} = 5\pi$

$\overline{BD} = 13$ (siehe Ordinate des Punktes B)

1 Einheit entspricht 1,0 m

$\overline{EB} = \sqrt{(5\pi\,\text{m})^2 + (13\,\text{m})^2}$

$\underline{\underline{\overline{EB} \approx 20{,}4\,\text{m}}}$

Ergebnis: Die Länge der Stütze $\overline{EB}$ beträgt etwa 20,4 m.

Berechnung des Winkels FEB:
Im rechtwinkligen Dreieck EDB gilt nach Definition:

$\tan \sphericalangle FEB = \frac{\overline{BD}}{\overline{ED}}$

$\tan \sphericalangle FEB = \frac{13\,\text{m}}{5\pi\,\text{m}}$

$\underline{\underline{\sphericalangle FEB \approx 39{,}6^\circ}}$

d) Das nachfolgende Baumdiagramm dient der Veranschaulichung des Sachverhaltes zur Berechnung der Wahrscheinlichkeit.

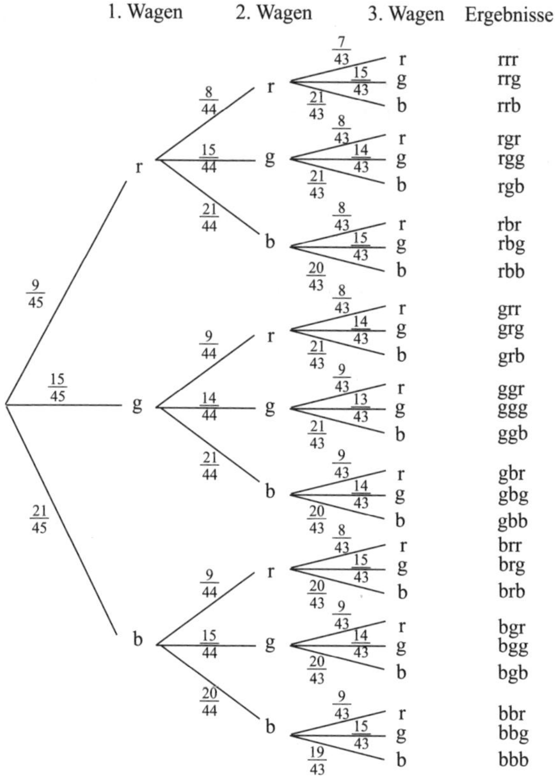

r… roter Wagen
g… grüner Wagen
b… blauer Wagen

In der BLF reicht die Zeit nicht aus, um ein solches Baumdiagramm zu zeichnen. Man sollte seine Lösungsüberlegungen durch ein reduziertes Baumdiagramm unterstützen.

1. Lösungsmöglichkeit:

Ermittlung der Wahrscheinlichkeit des Ereignisses A:
Für das Ereignis A werden drei gleichfarbige Wagen zu einem Zug zusammengestellt. Der Zug könnte aus drei roten Wagen oder drei grünen oder drei blauen bestehen.

Im nachfolgenden, reduzierten Baumdiagramm sind nur die benötigten Pfade dargestellt.

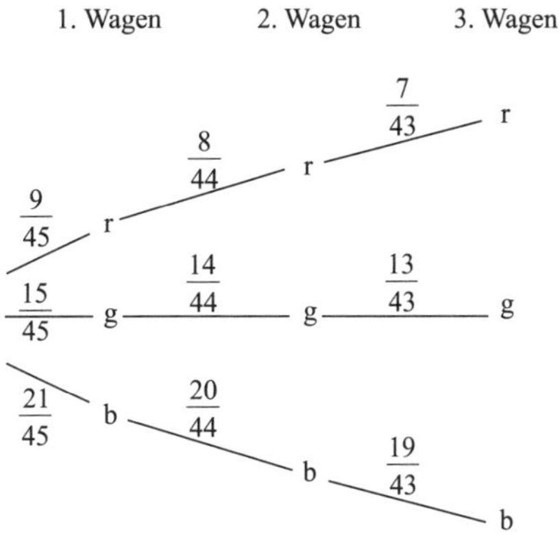

Unter Verwendung der Pfadregel gilt:

$P(A) = P(rrr) + P(ggg) + P(bbb)$

$$= \frac{9}{45} \cdot \frac{8}{44} \cdot \frac{7}{43} + \frac{15}{45} \cdot \frac{14}{44} \cdot \frac{13}{43} + \frac{21}{45} \cdot \frac{20}{44} \cdot \frac{19}{43}$$

$$P(A) = \frac{623}{4\,730}$$

$$\underline{\underline{P(A) \approx 0{,}1317}}$$

Ermittlung der Wahrscheinlichkeit des Ereignisses B:

Für das Ereignis B betrachtet man einen Zug mit drei Wagen, wobei mindestens zwei grüne Wagen dabei sein sollen. Der Zug könnte also aus zwei grünen Wagen und einem Wagen anderer Farbe (rot oder blau) oder aus drei grünen Wagen zusammengestellt sein. Das Baumdiagramm könnte zu folgender Darstellung zusammengefasst werden:

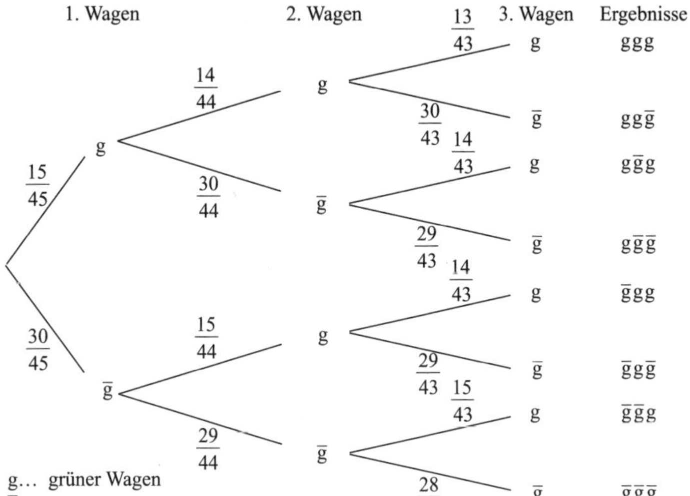

Unter Verwendung der Pfadregel gilt:

$$P(B) = P(gg\bar{g}) + P(g\bar{g}g) + P(\bar{g}gg) + P(ggg)$$

$$= \frac{15}{45} \cdot \frac{14}{44} \cdot \frac{30}{43} + \frac{15}{45} \cdot \frac{30}{44} \cdot \frac{14}{43} + \frac{30}{45} \cdot \frac{15}{44} \cdot \frac{14}{43} + \frac{15}{45} \cdot \frac{14}{44} \cdot \frac{13}{43}$$

$$P(B) = 3 \cdot \frac{15}{45} \cdot \frac{14}{44} \cdot \frac{30}{43} + \frac{15}{45} \cdot \frac{14}{44} \cdot \frac{13}{43}$$

$$P(B) = \frac{721}{2\,838}$$

$$\underline{\underline{P(B) \approx 0{,}2541}}$$

2. Lösungsmöglichkeit:

Verwendet man kombinatorische Hilfsmittel, kann man viel Zeit sparen:

$$P(A) = \frac{\binom{9}{3} + \binom{15}{3} + \binom{21}{3}}{\binom{45}{3}} = \frac{1\,869}{14\,190} \approx 0{,}1317$$

$$P(B) = \frac{\binom{15}{2}\binom{30}{1} + \binom{15}{3}\binom{30}{0}}{\binom{45}{3}} = \frac{3\,605}{14\,190} \approx 0{,}2541$$

Vergleichen Sie dazu die Ausführungen in der Lösung zur Aufgabe 20 vom „Trainingsteil Grundwissen“.

Besondere Leistungsfeststellung Mathematik Sachsen 2008

Teil A

(ohne Nutzung von Tabellen- und Formelsammlung sowie Taschenrechner)

In den Aufgaben 1 bis 6 ist von den jeweils fünf Auswahlmöglichkeiten genau eine Antwort richtig. Kreuzen Sie das jeweilige Feld an.

1. 200 $m\ell$ eines Orangenfruchtsaftgetränks enthalten 30 $m\ell$ reinen Fruchtsaft. Wie hoch ist der Fruchtsaftanteil? (1 BE)

☐	☐	☐	☐	☐
15 %	20 %	30 %	45 %	60 %

2. Eine Zahlenfolge (a_n) mit $n = 1; 2; 3; \ldots$ ist durch die rekursive Bildungsvorschrift $a_{n+1} = 2 \cdot a_n - 3$; $a_1 = 1$ gegeben. Für a_3 gilt: (1 BE)

☐	☐	☐	☐	☐
$a_3 = -13$	$a_3 = -5$	$a_3 = -1$	$a_3 = 3$	$a_3 = 9$

3. In einem gleichschenkligen Dreieck ist die Basis 6 cm lang, die Höhe auf der Basis beträgt 4 cm. Die Schenkel des Dreiecks haben jeweils eine Länge von (1 BE)

☐	☐	☐	☐	☐
10 cm.	$\sqrt{52}$ cm.	7 cm.	5 cm.	$\sqrt{7}$ cm.

4. Jedes Parallelogramm (1 BE)

☐	☐	☐	☐	☐
ist ein Rechteck.	hat zwei gleich lange Diagonalen.	hat vier gleich große Innenwinkel.	ist ein Trapez.	hat eine Symmetrieachse.

5. Die Funktionen f_1 bis f_5 sind jeweils durch eine Gleichung in ihrem größtmöglichen Definitionsbereich gegeben. Welche dieser Funktionen besitzt bei $x_0 = 3$ eine Nullstelle? (1 BE)

☐	☐	☐	☐	☐
$f_1(x) = x^2 - 3x - 3$	$f_2(x) = \frac{1}{(x-3)^2}$	$f_3(x) = 2^{x-3}$	$f_4(x) = \ln(x-3)$	$f_5(x) = \sin(x-3)$

6. Gegeben ist die Parabel p durch die Gleichung $p(x) = -(x-1)^2 + 4 \quad (x \in \mathbb{R})$.
Entscheiden Sie, welche der folgenden Aussagen über die Parabel falsch ist:

(1 BE)

☐	☐	☐	☐	☐
p ist nach unten geöffnet	p schneidet die y-Achse im Punkt $P(0\mid 4)$	der Scheitelpunkt liegt auf der Geraden $x = 1$	p verläuft durch den Punkt $A(5\mid -12)$	p schneidet die x-Achse an den Stellen –1 und 3

7. Gegeben ist folgendes lineares Gleichungssystem:

I $\quad 2x + y = -1$

II $\quad y = \frac{1}{3}x + \frac{5}{2}$

Ermitteln Sie die Lösungsmenge dieses Gleichungssystems grafisch.

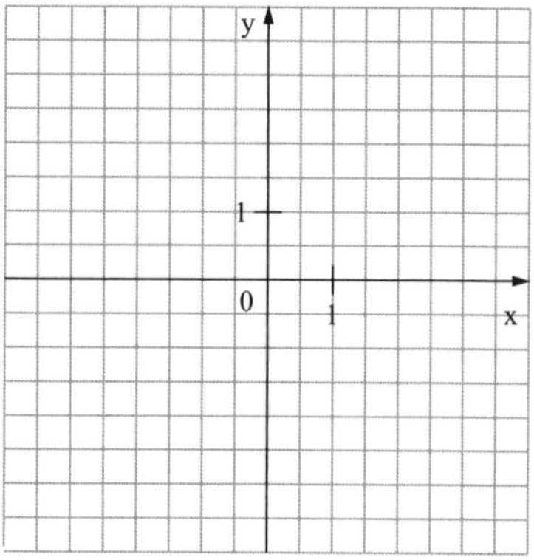

(3 BE)

8. Für die nebenstehende Abbildung gilt $\overline{AB} \parallel \overline{CD}$.
Begründen Sie, dass die Dreiecke ABS und SCD einander ähnlich sind.

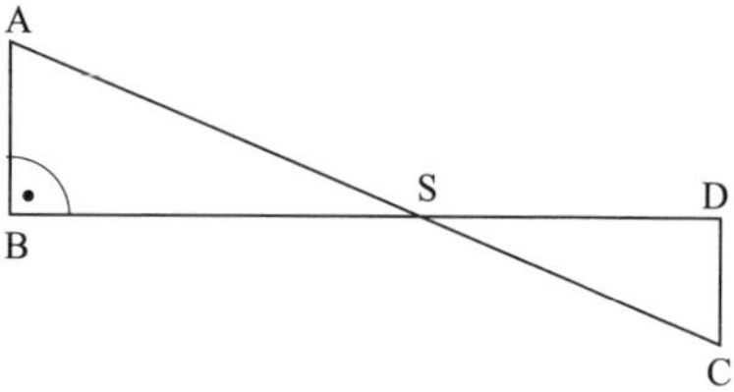

(3 BE)

9. Das Diagramm veranschaulicht die Anzahl der ein- und ausparkenden Pkw in einem Parkhaus in der Zeit von 10:00 Uhr bis 18:00 Uhr.

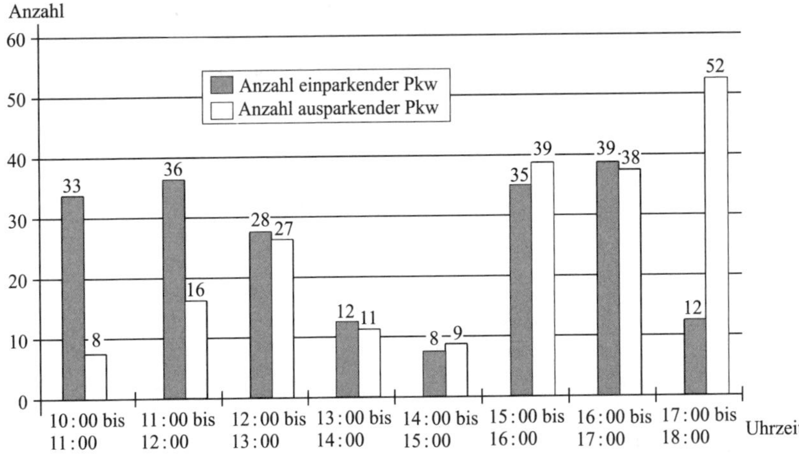

a) Um 16:00 Uhr befinden sich 64 Pkw im Parkhaus.
Wie viele Pkw befinden sich 18:00 Uhr im Parkhaus? (1 BE)

b) Zu welcher der unten angegebenen Uhrzeiten befinden sich die meisten Pkw im Parkhaus?
Kreuzen Sie an und begründen Sie Ihre Entscheidung. (2 BE)

☐ 12:00 Uhr ☐ 13:00 Uhr ☐ 14:00 Uhr ☐ 16:00 Uhr ☐ 17:00 Uhr

Teil B

1. Gegeben ist die Funktion f durch die Gleichung
   $y = f(x) = x^3 + 3 \cdot x^2 - 9 \cdot x - 2 \quad (x \in \mathbb{R})$.

   a) Geben Sie die Nullstellen von f und die Koordinaten des Schnittpunktes des Graphen von f mit der y-Achse an. (2 BE)

   b) Der Punkt $Q(x_Q \mid 30)$ liegt auf dem Graphen von f.
   Ermitteln Sie x_Q. (2 BE)

   c) Der Graph der Funktion g mit der Gleichung $y = g(x) = f(x) + c \quad (x \in \mathbb{R},\ c \in \mathbb{R})$ berührt die x-Achse an der Stelle $x_B = 1$.
   Bestimmen Sie den Wert für c. (2 BE)

2. Gummibärchen sind eine beliebte Süßigkeit. In einer vollständig gefüllten Tüte befinden sich 400 g in Form und Masse gleichartige Gummibärchen.

   a) Max hat erfahren, dass bei der Herstellung von Gummibärchen zylindrische Behälter mit dem Innendurchmesser 60 cm und der Höhe 100 cm mit flüssigem Fruchtgummi vollständig gefüllt werden. Aus dem Inhalt eines solchen Behälters werden Gummibärchen hergestellt. Es kann vereinfacht angenommen werden, dass die Dichte des flüssigen und des festen Fruchtgummis $1{,}4\,\frac{g}{cm^3}$ beträgt. Nach der Fertigstellung wiegen 8 Gummibärchen 32 g.
   Ermitteln Sie die Anzahl der Gummibärchen in einer vollständig gefüllten Tüte.
   Bestimmen Sie, wie viele Tüten aus dem Inhalt des Behälters vollständig gefüllt werden können. (5 BE)

   b) Max verzehrt eine gewisse Anzahl von Gummibärchen, sodass sich nun noch insgesamt 60 Gummibärchen in den Farben Gelb, Rot und Grün in der Tüte befinden. Es befinden sich dreimal so viele rote wie gelbe Gummibärchen in der Tüte. Die Anzahl der gelben und grünen Gummibärchen ist gleich groß.
   Ermitteln Sie die Anzahl der roten Gummibärchen in dieser Tüte. (2 BE)

   c) Nach weiterem Verzehr befinden sich jetzt noch 7 gelbe, 10 rote und 3 grüne Gummibärchen in der Tüte. Max wählt mit einem Griff zufällig genau 2 Gummibärchen aus dieser Tüte aus. Die Zufallsgröße X beschreibt die Anzahl der roten Gummibärchen in Max' Stichprobe.
   Ermitteln Sie eine Wahrscheinlichkeitsverteilung für die Zufallsgröße X und geben Sie den Erwartungswert für die Zufallsgröße X an. (3 BE)

3. Sandra unternimmt eine Wanderung durch die Sächsische Schweiz. Die Route führt von der Bastei über den Lilienstein zum Königstein.

a) Auf einem Informationsblatt liest sie, dass sich die Sächsische Schweiz über eine Fläche von 380 km^2 erstreckt. In diesem Gebiet liegt der Nationalpark, der eine Fläche von 93 km^2 umfasst.
Ermitteln Sie den prozentualen Anteil der Fläche des Nationalparks an der Gesamtfläche der Sächsischen Schweiz. (2 BE)

b) Auf ihrer Karte (Maßstab 1:30 000) misst Sandra eine Entfernung zwischen den höchsten Punkten von Bastei und Lilienstein von 11,5 cm. Die Höhen über NN von Bastei und Lilienstein werden mit 305 m und 415 m angegeben. Zeigen Sie, dass sich aus diesen Werten näherungsweise die direkte Entfernung (Luftlinie) zwischen den höchsten Punkten von Bastei und Lilienstein berechnen lässt, die auf dem Informationsblatt mit 3 452 m angegeben wird.

In einem Informationsblatt stehen außerdem folgende direkte Entfernungen (Luftlinien) zwischen den jeweils höchsten Punkten der Berge:
Bastei – Königstein: 4 861 m
Königstein – Lilienstein: 1 985 m
Sandra sieht von der Bastei (B) aus die höchsten Punkte von Königstein (K) und Lilienstein (L) unter dem Winkel α.
Bestimmen Sie die Größe des Winkels α.

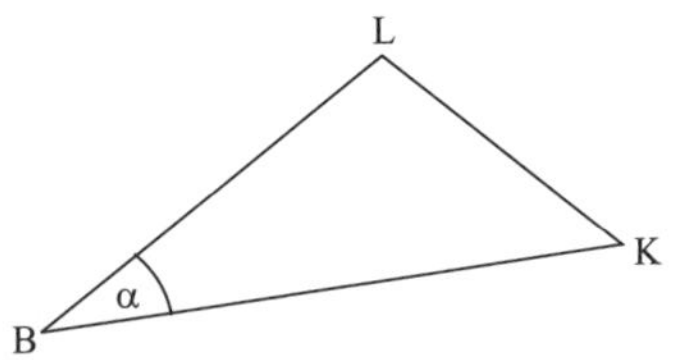

(Skizze nicht maßstäblich) (5 BE)

c) Sandra beobachtet eine Seilschaft aus vier Kletterern bei den Vorbereitungen zum Aufstieg am „Basteischluchtturm".
Geben Sie die Anzahl aller möglichen Reihenfolgen an, in der die Kletterer dieser Seilschaft nacheinander den Felsen bezwingen können.
Ermitteln Sie die Wahrscheinlichkeit dafür, dass ein und derselbe Kletterer bei zwei verschiedenen Touren der Vorsteiger ist, wenn die Reihenfolge jeweils ausgelost wird. (3 BE)

d) Sandra besitzt eine multifunktionale Uhr, die auch den Luftdruck und die Höhe anzeigen kann. Nach der Justierung arbeitet die Uhr nach der Gleichung
$p(h) = 1\,000 \cdot 0{,}99987^h$.
Dabei haben die Variablen folgende Bedeutung:
p Luftdruck in hPa
h Höhe in m über NN
Ermitteln Sie, welchen Luftdruck die Uhr auf der Bastei (305 m über NN) anzeigt.

Beim Abstieg von der Bastei zeigt die Uhr bei einer Rast den Luftdruck 981 hPa an.
Ermitteln Sie, welche Höhe die Uhr zu diesem Zeitpunkt anzeigt. (4 BE)

Tipps zu Aufgabe 1

a)

- Veranschaulichen Sie sich den Graphen der Funktion mithilfe des Taschenrechners.
- Nutzen Sie den Taschenrechner zur Ermittlung der Nullstellen und der Koordinaten des Schnittpunktes mit der y-Achse.

b)

- Da der Punkt $Q(x_Q \mid 30)$ auf dem Graphen der Funktion $y = f(x) = x^3 + 3 \cdot x^2 - 9 \cdot x - 2$ $(x \in \mathbb{R})$ liegt, müssen seine Koordinaten die Funktionsgleichung erfüllen.
- Nutzen Sie den Taschenrechner zur Ermittlung von x_Q.

c)

- Überlegen Sie sich, welcher Punkt des Graphen der Funktion durch die Aussage, dass der Graph an der Stelle $x_B = 1$ die x-Achse berührt, gegeben ist.
- Da dieser Punkt auf dem Graphen der Funktion liegt, müssen seine Koordinaten die Funktionsgleichung erfüllen.
- Setzen Sie die Koordinaten des Punktes $B(x_B \mid y_B)$ in die Funktionsgleichung $y = g(x) = f(x) + c$ ein.
- Berechnen Sie c durch Umstellen der Gleichung.

Tipps zu Aufgabe 2

a)

- Berechnen Sie die Masse eines Gummibärchens.
- Berechnen Sie aus der Gesamtmasse und der Masse eines Gummibärchens die Anzahl der Gummibärchen in einer Tüte.
- Das Volumen des flüssigen Fruchtgummis kann mit der Formel für den Kreiszylinder berechnet werden: $V = \frac{\pi}{4} \cdot d^2 \cdot h$
- Berechnen Sie mithilfe des Zusammenhanges $\rho = \frac{m}{V}$ die Masse des Fruchtgummis.
- Berechnen Sie aus der Gesamtmasse des Fruchtgummis und der Masse des Inhaltes einer Tüte die Anzahl der abfüllbaren Tüten.

b)

- Stellen Sie eine Gleichung auf, sodass sich die Gesamtanzahl der Gummibärchen aus den Anteilen der verschiedenen Farben zusammensetzt.

- Ersetzen Sie in der Gleichung die Anzahl der Farbe Rot mithilfe der gelben Gummibärchen.
- Ebenso verfahren Sie mit Grün.
- Lösen Sie diese lineare Gleichung mit nur einer Unbekannten.

c)

- Veranschaulichen Sie sich den Zusammenhang in einem Baumdiagramm.
- Die Zufallsgröße kann die Werte 0, 1, 2 annehmen.
- Berechnen Sie die zugehörigen Wahrscheinlichkeiten mithilfe der Pfadregeln.
- Für die Berechnung des Erwartungswertes multiplizieren Sie die möglichen Werte der Zufallsgröße X mit ihren Wahrscheinlichkeiten und addieren diese.

Tipps zu Aufgabe 3

a)

- Bilden Sie das Verhältnis aus der Größe der Fläche des Nationalparks und der Gesamtfläche der Sächsischen Schweiz.

b)

- Skizzieren Sie sich den Sachverhalt.
- Überlegen Sie unter Verwendung des angegebenen Maßstabes, wie lang die 11,5 cm lange Strecke in Wirklichkeit ist.
- Unter Beachtung der Höhendifferenz kann man ein rechtwinkliges Dreieck betrachten.
- Wenden Sie den Satz des Pythagoras an.
- Zur Berechnung des Winkels α vervollständigen Sie die Skizze durch Eintragung aller gegebenen Größen.
- In diesem unregelmäßigen Dreieck sind alle Seitenlängen bekannt.
- Durch Anwendung des Kosinussatzes lässt sich die Größe des Winkels α berechnen.

c)

- Zeichnen Sie zum Sachverhalt ein Baumdiagramm. Wenden Sie die Pfadregeln an.

d)

- Setzen Sie das Argument $h = 305$ m in die gegebene Funktionsgleichung ein.
- Ermitteln Sie den zugehörigen Funktionswert.
- Setzen Sie den Funktionswert $p = 981$ hPa in die gegebene Funktionsgleichung ein.
- Ermitteln Sie das zugehörige Argument, indem Sie die Gleichung umstellen.

Lösungen zu Teil A

1. ☒ 15 %

Erklärung der Lösung:

Der Fruchtsaftanteil ergibt sich als Anteil des reinen Fruchtsaftes (30 mℓ) von der Gesamtmenge des Getränkes (200 mℓ):

$$\frac{30\,m\ell}{200\,m\ell} = \frac{15}{100} = 15\,\%$$

2. ☒ $a_3 = -5$

Erklärung der Lösung:

Mit $a_1 = 1$ ergibt sich für $a_2 = 2 \cdot a_1 - 3 = 2 \cdot 1 - 3 = -1$ und damit für $a_3 = 2 \cdot a_2 - 3 = 2 \cdot (-1) - 3 = -2 - 3 = -5$.

3. ☒ 5 cm

Erklärung der Lösung:

Die Höhe h steht senkrecht auf der Basis und halbiert diese. Es entstehen zwei zueinander kongruente rechtwinklige Dreiecke. Wendet man auf ein Teildreieck den Satz des Pythagoras an, erhält man die gesuchte Schenkellänge.

Skizze zum Sachverhalt

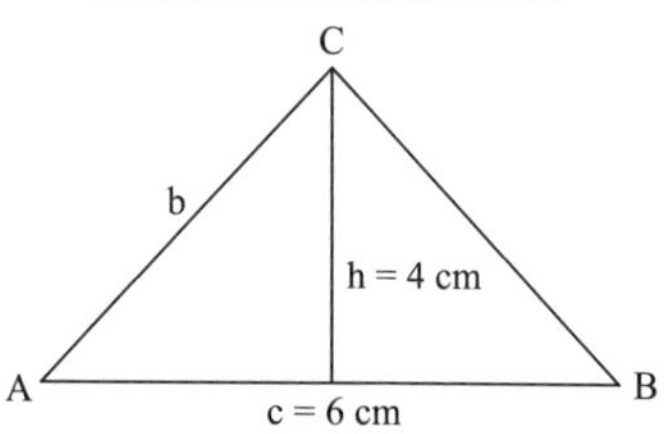

$$b^2 = \left(\frac{c}{2}\right)^2 + h^2 \qquad |\sqrt{\ } \quad (b > 0)$$

$$b = \sqrt{\left(\frac{c}{2}\right)^2 + h^2}$$

$$b = \sqrt{(3\text{ cm})^2 + (4\text{ cm})^2}$$

$$b = \sqrt{9\text{ cm}^2 + 16\text{ cm}^2}$$

$$b = \sqrt{25\text{ cm}^2}$$

$$b = 5\text{ cm}$$

4. ☒ ist ein Trapez

Erklärung der Lösung:

Jedes Viereck mit einem Paar zueinander paralleler Gegenseiten heißt Trapez. Jedes Viereck mit zwei Paaren zueinander paralleler Gegenseiten heißt Parallelogramm. Deshalb ist die Menge aller Parallelogramme eine Teilmenge der Menge aller Trapeze.

5. ☒ $f_5(x) = \sin(x - 3)$

Erklärung der Lösung:

Setzt man in die Funktionsterme für x die Zahl 3 ein, so ergibt sich nur für die fünfte Funktion der Funktionswert 0:
$f_5(3) = \sin(3 - 3) = \sin 0 = 0$

6. ☒ p schneidet die y-Achse im Punkt $P(0|4)$

Erklärung der Lösung:

Aus der Scheitelpunktsform der Funktionsgleichung $p(x) = -(x - 1)^2 + 4 \quad (x \in \mathbb{R})$ ergeben sich für den Graphen der Funktion folgende Eigenschaften:

- Parabel ist nach unten geöffnet
- Scheitelpunkt $S(1|4)$ ist ein Hochpunkt.

Somit kann der Punkt $P(0|4)$ nicht auf dem Graphen der Funktion liegen. Das lässt sich durch Einsetzen der Punktkoordinaten in die Funktionsgleichung noch einmal bestätigen:
$p(0) = -(0 - 1)^2 + 4 = -1 + 4 = 3; \quad 4 \neq 3$

7.

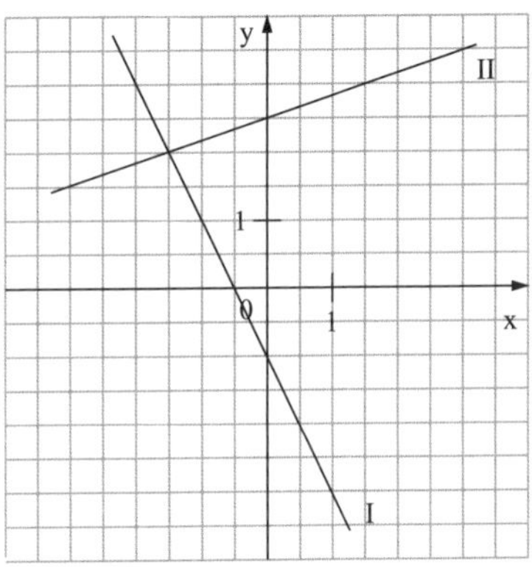

$\mathbb{L} = \{(-1{,}5|2)\}$

Erklärung der Lösung:

Die Gleichungen des linearen Gleichungssystems können als Funktionsgleichungen linearer Funktionen aufgefasst werden.
Mithilfe zweier Punkte oder über das Anstiegsdreieck und den Achsenabschnitt lassen sich die Graphen der beiden linearen Funktionen zeichnen. Möchte man über das Anstiegsdreieck gehen, stellt man die Gleichung I nach y um.

$$\text{I} \quad 2x + y = -1 \qquad |-2x$$
$$y = -2x - 1$$

Die Lösung ergibt sich aus dem Schnittpunkt der beiden Graphen.

8. Die Dreiecke ABS und SCD sind einander ähnlich.

Begründung:

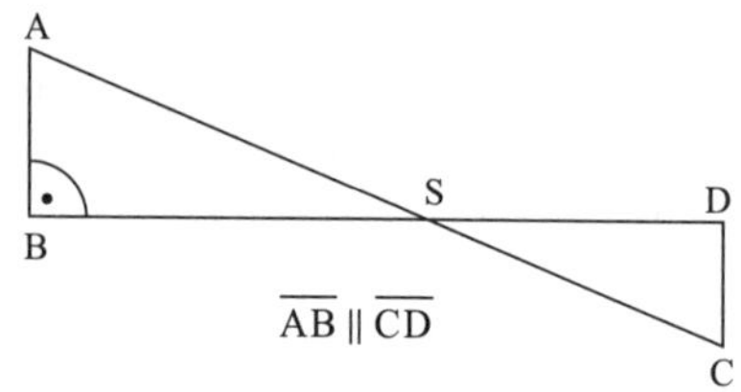

Der Winkel ASB und der Winkel CSD sind gleich groß, da sie Scheitelwinkel sind (Scheitelwinkelsatz).
Der Winkel SBA und der Winkel SDC sind gleich groß, da sie Wechselwinkel an geschnittenen Parallelen sind (Wechselwinkelsatz).
Stimmen zwei Dreiecke in zwei Winkeln überein, sind sie nach dem Hauptähnlichkeitssatz zueinander ähnlich.

9. a) <u>25 Pkw</u>

Erklärung der Lösung:

Um 16:00 Uhr befinden sich 64 Pkw im Parkhaus.
Zwischen 16:00 Uhr und 17:00 Uhr parkt ein Pkw mehr ein als aus ($39-38=1$). In der Zeit von 17:00 Uhr bis 18:00 Uhr fahren 40 Autos mehr aus dem Parkhaus heraus als hinein ($12-52=-40$).
Somit ergibt sich für 18:00 Uhr:
$64+(39-38)+(12-52)=64+1-40=25$

9. b) ☒ 14:00 Uhr

Begründung:

Bis 14:00 Uhr überwiegt die Anzahl der einparkenden Pkw die der ausparkenden Pkw.

Lösungen zu Teil B

1. $y = f(x) = x^3 + 3 \cdot x^2 - 9 \cdot x - 2 \quad (x \in \mathbb{R})$

   a) Nullstellen: $x_{N_1} \approx -4{,}8;\ x_{N_2} \approx -0{,}2;\ x_{N_3} = 2$

   Schnittpunkt mit der y-Achse: $S(0 \mid -2)$

   Erklärung der Lösung:

   Der Ansatz zur Ermittlung der Nullstellen einer Funktion führt zur Gleichung $0 = x^3 + 3 \cdot x^2 - 9 \cdot x - 2$. Diese lässt sich mit dem Taschenrechner lösen. Schneidet der Graph der Funktion die y-Achse, muss $x = 0$ sein. Durch Einsetzen in die Funktionsgleichung ermittelt man den zugehörigen Funktionswert $f(0) = 0^3 + 3 \cdot 0^2 - 9 \cdot 0 - 2 = -2$.
   Eine andere Möglichkeit zur Angabe der gesuchten Eigenschaften des Graphen der Funktion f besteht in der Nutzung des Taschenrechners (GRAPH-Menü).

   b) Der Punkt $Q(x_Q \mid 30)$ liegt auf dem Graphen der Funktion. Seine Koordinaten müssen die Funktionsgleichung erfüllen.

   $$30 = x_Q^3 + 3x_Q^2 - 9x_Q - 2 \qquad | -30$$
   $$0 = x_Q^3 + 3x_Q^2 - 9x_Q - 32$$

   Die Lösung dieser Gleichung ermittelt man mithilfe des Taschenrechners. Es gibt nur eine reelle Lösung:

   $\underline{\underline{x_Q \approx 3{,}13}}$

   c) Berührt der Graph der Funktion g mit $y = g(x) = f(x) + c \quad (x \in \mathbb{R};\ c \in \mathbb{R})$ die x-Achse an der Stelle $x_B = 1$, muss der Funktionswert an dieser Stelle null sein. Das heißt, dass der Punkt $N(1 \mid 0)$ zum Graphen der Funktion gehört. Durch Einsetzen der Koordinaten des Punktes N in die Funktionsgleichung von g ermittelt man den Wert für c:

   $$0 = 1^3 + 3 \cdot 1^2 - 9 \cdot 1 - 2 + c$$
   $$0 = -7 + c \qquad | +7$$

   $\underline{\underline{7 = c}}$

2. a) Da 8 Gummibärchen 32 g wiegen, muss aufgrund der direkten Proportionalität von Anzahl und Masse der Gummibärchen 1 Gummibärchen 4 g wiegen.

	Anzahl der Gummibärchen	Masse in g	
:8	8	32	:8
	1	4	
· 100	100	400	· 100

   Bei einer 400 g-Tüte ergeben sich damit 100 Gummibärchen.

Der flüssige Fruchtgummi befindet sich in einem zylindrischen Gefäß. So kann das Volumen der Fruchtmasse mit der Formel

$$V = \pi \cdot r^2 \cdot h = \frac{\pi}{4} d^2 \cdot h \quad \text{(Durchmesser } d = 60 \text{ cm; Höhe } h = 100 \text{ cm)}$$

berechnet werden.

$$V = \frac{\pi}{4} \cdot (60\text{ cm})^2 \cdot 100\text{ cm} = 90\,000\,\pi\text{ cm}^3 \approx 282\,743\text{ cm}^3$$

Die Masse des Fruchtgummis berechnet man mithilfe der Formel $\rho = \frac{m}{V}$.

$$\frac{m}{V} = \rho \qquad | \cdot V$$

$$m = \rho \cdot V$$

$$m = 1{,}4\,\frac{g}{\cancel{cm^3}} \cdot 90\,000\,\pi\,\cancel{cm^3}$$

$$m \approx 395\,841\text{ g}$$

Da in eine Tüte 400 g abgefüllt werden, ergibt sich für die Tütenanzahl:

$$395\,841\text{ g} : 400\text{ g} \approx \underline{\underline{989{,}6}}$$

Ergebnis: Es können 989 Tüten vollständig gefüllt werden.

b) Die Gesamtanzahl der Gummibärchen setzt sich aus der Anzahl der roten, gelben und grünen Bärchen zusammen. Die Anzahl der gelben und grünen Bärchen ist gleich, die roten Bärchen sind in ihrer Anzahl dreimal so viele wie die gelben Gummibärchen. Deshalb kann folgende Gleichung aufgestellt und gelöst werden:

$r + g + gr = 60$ — r Anzahl der roten Gummibärchen

$r = 3g$ und $g = gr$ — g Anzahl der gelben Gummibärchen

$3g + g + g = 60$ — gr Anzahl der grünen Gummibärchen

$$5g = 60 \qquad | :5$$

$$g = 12$$

$$r = 3 \cdot g = 3 \cdot 12 = \underline{\underline{36}}$$

Ergebnis: Es gibt 36 rote Gummibärchen in dieser Tüte.

c) Das Ziehen mit einem Griff wird im Baumdiagramm als einzelnes nacheinander Ziehen von Gummibärchen ohne Zurücklegen dargestellt.

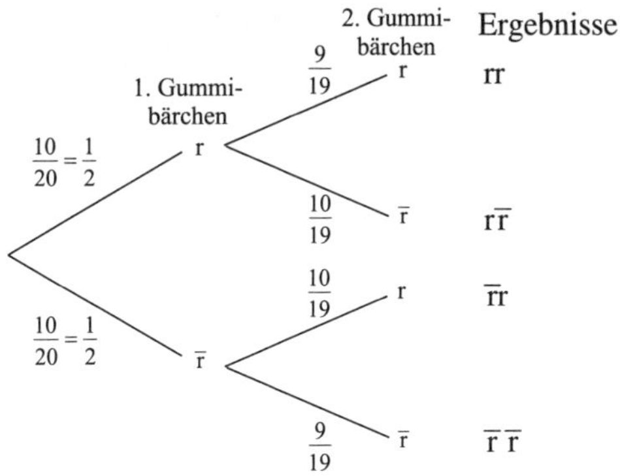

r rotes Gummibärchen

$\overline{r}$ nicht rotes Gummibärchen

Die Zufallsgröße X beschreibt die Anzahl der roten Gummibärchen in Max' Stichprobe. Diese Zufallsgröße kann die Werte 0 (keinmal rot), 1 (einmal rot) und 2 (zweimal rot) annehmen. Die zugehörigen Wahrscheinlichkeiten berechnet man durch Anwenden der Pfadregeln. Damit ergibt sich folgende Wahrscheinlichkeitsverteilung:

x_i	0	1	2
$P(X = x_i)$	$\frac{1}{2} \cdot \frac{9}{19} = \frac{9}{38}$	$\frac{1}{2} \cdot \frac{10}{19} + \frac{1}{2} \cdot \frac{10}{19} = \frac{20}{38}$	$\frac{1}{2} \cdot \frac{9}{19} = \frac{9}{38}$

Kontrolle: $P(0) + P(1) + P(2) = \frac{9}{38} + \frac{20}{38} + \frac{9}{38} = \frac{38}{38} = 1$

Berechnung des Erwartungswertes:

$$E(X) = 0 \cdot \frac{9}{38} + 1 \cdot \frac{20}{38} + 2 \cdot \frac{9}{38} = \frac{38}{38} = \underline{\underline{1}}$$

3. a) Ermittlung des prozentualen Anteils der Fläche des Nationalparks an der Gesamtfläche der Sächsischen Schweiz:

$$\frac{A_1}{A_{ges}} = \frac{93\ \text{km}^2}{380\ \text{km}^2} \approx \underline{\underline{0,245}}$$

Ergebnis: Rund 24,5 % der Gesamtfläche der Sächsischen Schweiz nimmt der Nationalpark ein.

b) Umrechnung mithilfe des angegebenen Maßstabes:

Auf der Karte ist die Strecke $\overline{B'L'}$ 11,5 cm lang. Der Maßstab 1 : 30 000 bedeutet, dass 1 cm auf der Karte 30 000 cm = 300 m in der Wirklichkeit entsprechen. 11,5 cm auf der Karte müssen demnach 11,5 · 300 m = 3 450 m sein.

Berechnung der direkten Entfernung (Luftlinie) zwischen den höchsten Punkten von Bastei und Lilienstein:

Skizze zum Sachverhalt:

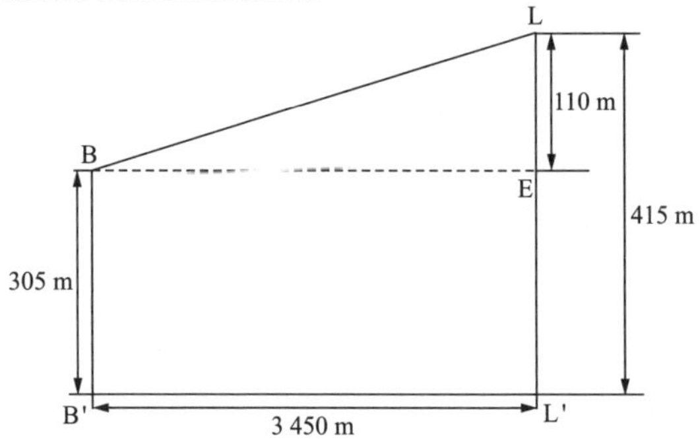

(Skizze nicht maßstäblich)

Gesucht ist die Länge der direkten Entfernung zwischen den höchsten Punkten von Bastei und Lilienstein, also die Strecke BL.
Auf das rechtwinklige Dreieck BEL wird der Satz des Pythagoras angewendet und $\overline{BL}$ berechnet.

$$\overline{BL}^2 = \overline{B'L'}^2 + \overline{LE}^2 \qquad (\overline{B'L'} = \overline{BE})$$

$$\overline{BL}^2 = (3\,450\text{ m})^2 + (415\text{ m} - 305\text{ m})^2 \qquad |\sqrt{} \quad (\overline{BL} > 0)$$

$$\overline{BL} = \sqrt{(3\,450\text{ m})^2 + (110\text{ m})^2}$$

$$\overline{BL} \approx 3\,451{,}75\text{ m}$$

$$\underline{\underline{\overline{BL} \approx 3\,452\text{ m}}}$$

Damit ist die Richtigkeit der Angabe auf dem Informationsblatt nachgewiesen.

Berechnung des Winkels α:
Die vorgegeben Skizze wird vervollständigt.

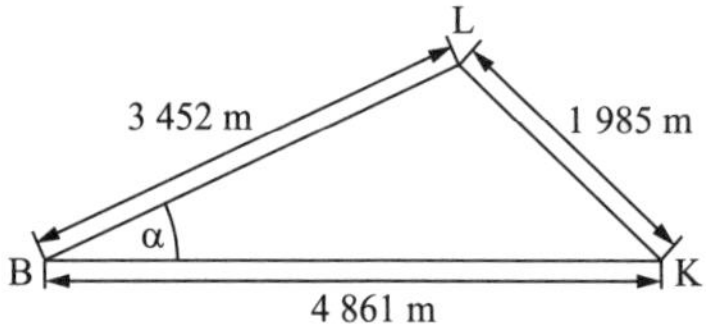

(Skizze nicht maßstäblich)

Für das unregelmäßige Dreieck BKL sind alle Seitenlängen bekannt. Mithilfe des Kosinussatzes berechnet man die Größe des Winkels α.

$$\overline{KL}^2 = \overline{BK}^2 + \overline{BL}^2 - 2 \cdot \overline{BK} \cdot \overline{BL} \cdot \cos\alpha \qquad \left| - \overline{BK}^2 - \overline{BL}^2 \right.$$

$$\overline{KL}^2 - \overline{BK}^2 - \overline{BL}^2 = -2 \cdot \overline{BK} \cdot \overline{BL} \cdot \cos\alpha \qquad \left| \cdot (-1) \text{ und Seitentausch} \right.$$

$$2 \cdot \overline{BK} \cdot \overline{BL} \cdot \cos\alpha = -\overline{KL}^2 + \overline{BK}^2 + \overline{BL}^2 \qquad \left| : (2 \cdot \overline{BK} \cdot \overline{BL}) \right.$$

$$\cos\alpha = \frac{-\overline{KL}^2 + \overline{BK}^2 + \overline{BL}^2}{2 \cdot \overline{BK} \cdot \overline{BL}}$$

$$\cos\alpha = \frac{-(1\,985\text{ m})^2 + (4\,861\text{ m})^2 + (3\,452\text{ m})^2}{2 \cdot 4\,861\text{ m} \cdot 3\,452\text{ m}}$$

$$\cos\alpha \approx 0{,}9417$$

$$\underline{\underline{\alpha \approx 19{,}7°}}$$

c) Anzahl der möglichen Reihenfolgen, in der die Kletterer dieser Seilschaft nacheinander den Felsen bezwingen können:

$4! = 4 \cdot 3 \cdot 2 \cdot 1 = \underline{\underline{24}}$

Ermittlung der Wahrscheinlichkeit, dass ein und derselbe Kletterer bei zwei verschiedenen Touren Vorsteiger ist:

Das zufällige Auswählen des Vorsteigers wird im Baumdiagramm als Ziehen mit Zurücklegen dargestellt.

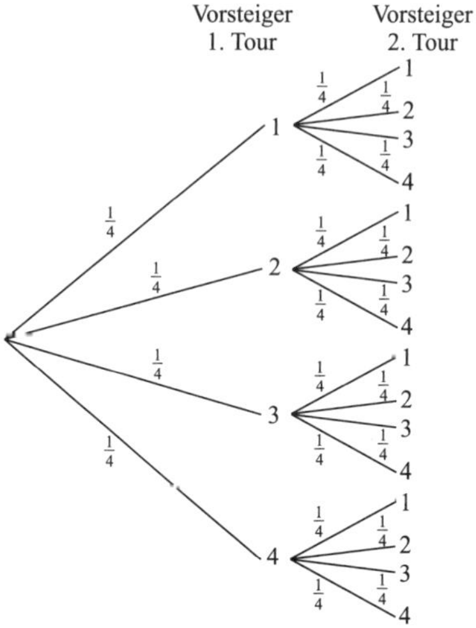

Vier Pfade gehören zum gesuchten Ereignis E.

Mithilfe der Pfadregeln lässt sich die Wahrscheinlichkeit des Ereignisses berechnen.

$$P(E) = 4 \cdot \frac{1}{4} \cdot \frac{1}{4} = \underline{\underline{\frac{1}{4}}}$$

Ergebnis: Mit einer Wahrscheinlichkeit von 25 % ist ein und derselbe Kletterer für zwei verschiedene Touren der Vorsteiger.

d) Gegeben ist der Zusammenhang zwischen der Höhe h (in m) und dem Luftdruck p (in hPa) durch eine einheitenlose Gleichung.
$p(h) = 1\,000 \cdot 0{,}99987^h$

Nach dem Einsetzen der jeweils gegebenen Größen in diese Gleichung lässt sich die gesuchte Größe mit dem Taschenrechner ermitteln.

Zusätzlich wird hier die schrittweise Berechnung angegeben.
Den Luftdruck in einer Höhe h = 305 m über NN erhält man durch Einsetzen von h = 305 in p(h):

$$p(305) = 1\,000 \cdot 0{,}99987^{305} \approx \underline{\underline{961}}$$

Die Höhe über NN, in der ein Druck von p = 981 hPa herrscht, erhält man durch Einsetzen von p = 981 und Auflösen nach h:

$$\begin{aligned}
981 &= 1\,000 \cdot 0{,}99987^h && |:1\,000 \\
0{,}981 &= 0{,}99987^h && |\text{ Logarithmieren} \\
\lg 0{,}981 &= \lg 0{,}99987^h && |\text{ Anwendung Logarithmengesetz} \\
\lg 0{,}981 &= h \cdot \lg 0{,}99987 && |:\lg 0{,}99987 \\
\frac{\lg 0{,}981}{\lg 0{,}99987} &= h \\
\underline{\underline{h}} &\underline{\underline{\approx 147{,}55}}
\end{aligned}$$

Ergebnis: Auf der Bastei, in einer Höhe von 305 m über NN beträgt der Luftdruck rund 961 hPa. In etwa 148 m Höhe wird Rast gemacht.

Besondere Leistungsfeststellung Mathematik Sachsen 2009

Teil A

(ohne Nutzung von Tabellen- und Formelsammlung sowie Taschenrechner)

In den Aufgaben 1 bis 6 ist von den jeweils fünf Auswahlmöglichkeiten genau eine Antwort richtig. Kreuzen Sie das jeweilige Feld an.

1. Anne hat ein Guthaben bei einem jährlichen Zinssatz von 5 % angelegt. Nach Ablauf des ersten Jahres erhielt sie 40 € Zinsen. Wie hoch war das angelegte Guthaben? (1 BE)

☐	☐	☐	☐	☐
400 €	440 €	500 €	800 €	1 240 €

2. Eine Parkeisenbahn mit 5 Stationen fährt auf einem Rundkurs stets in gleicher Richtung.
Wie viele verschiedene Fahrkarten gibt es, wenn von jeder dieser Stationen eine Fahrkarte zu jeder anderen Station oder bis zur Ausgangsstation gelöst werden kann?

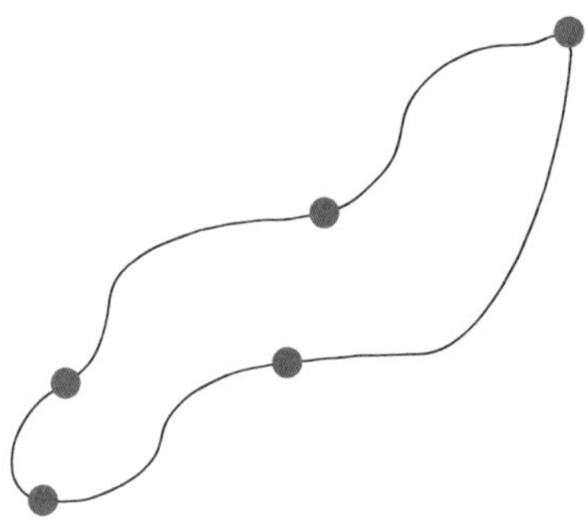

(1 BE)

☐	☐	☐	☐	☐
5	10	20	25	32

3. Ein „Planquadrat“ auf dem Plan eines ebenen Werksgeländes mit dem Maßstab 1 : 200 hat einen Flächeninhalt von 25 cm^2.
Wie groß ist der Inhalt der Fläche in Wirklichkeit? (1 BE)

☐	☐	☐	☐	☐
5 m^2	25 m^2	50 m^2	100 m^2	250 m^2

4. Entscheiden Sie, welche der folgenden Aussagen falsch ist.

   I Zwei Dreiecke sind zueinander ähnlich, wenn sie in zwei Innenwinkeln übereinstimmen.

   II In einem gleichschenkligen Dreieck sind die Basiswinkel gleich groß.

   III Ein Trapez besitzt mindestens ein Paar paralleler Seiten.

   IV Ein stumpfwinkliges Dreieck besitzt genau einen stumpfen Winkel.

   V Zwei Dreiecke sind stets kongruent zueinander, wenn sie in zwei Seiten und einem Innenwinkel übereinstimmen. (1 BE)

☐	☐	☐	☐	☐
I	II	III	IV	V

5. In einer Urne befinden sich 5 gelbe, 3 blaue und eine Anzahl rote Kugeln. Wie viele rote Kugeln liegen in der Urne, wenn die Wahrscheinlichkeit, beim nächsten zufälligen Ziehen einer Kugel eine blaue zu erhalten, gleich $\frac{1}{4}$ ist? (1 BE)

☐	☐	☐	☐	☐
3	4	5	6	9

6. Andrea besitzt einen Mobilfunkvertrag mit folgendem Tarif:
   monatliche Gebühr: 5 €
   Minutenpreis: 9 Cent
   Welcher Term gibt an, wie viel Euro Andrea in einem Monat mit n Gesprächsminuten bezahlen muss? (1 BE)

☐	☐	☐	☐	☐
$5+0{,}09\cdot n$	$9+n\cdot 5$	$5+9\cdot n$	$n\cdot(5+0{,}09)$	$500+9\cdot n$

7. Beschriften Sie die Eckpunkte des abgebildeten Dreiecks so, dass gilt:

   $\tan\alpha = \frac{\overline{MP}}{\overline{SP}}$.

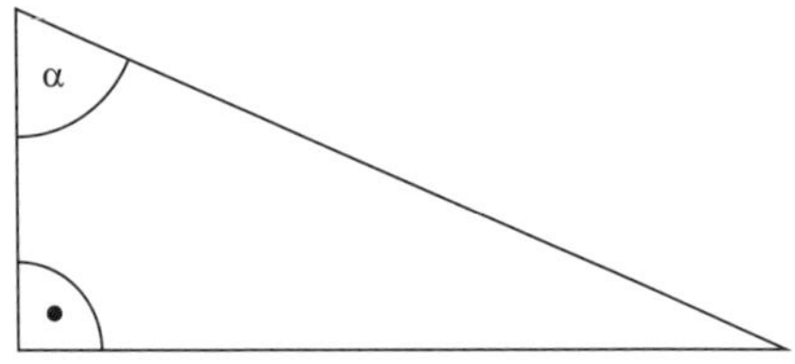

(1 BE)

8. Geben Sie für die abgebildeten Graphen jeweils eine Funktionsgleichung an.

   $y = f(x) =$ ________________

   $y = g(x) =$ ________________

   Der Graph der Funktion f, der Graph der Funktion g und die x-Achse begrenzen eine Fläche.

   Geben Sie einen Näherungswert für den Inhalt dieser Fläche an (1 Längeneinheit entspricht 1 Meter).

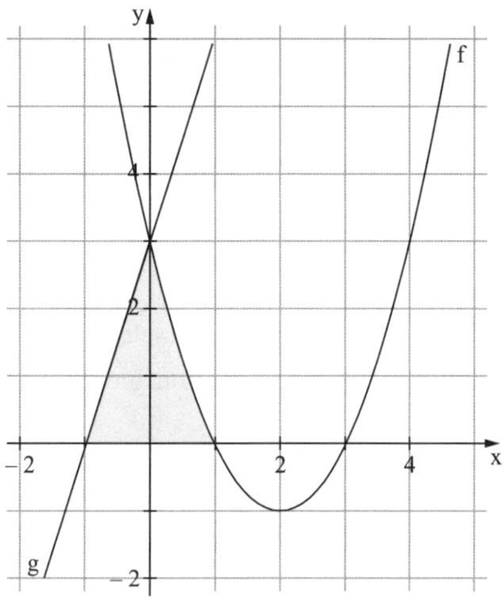

(3 BE)

9. Die Abbildung zeigt das Zweitafelbild eines Körpers. Geben Sie alle Körperkanten an, die im Aufriss in wahrer Länge abgebildet sind.

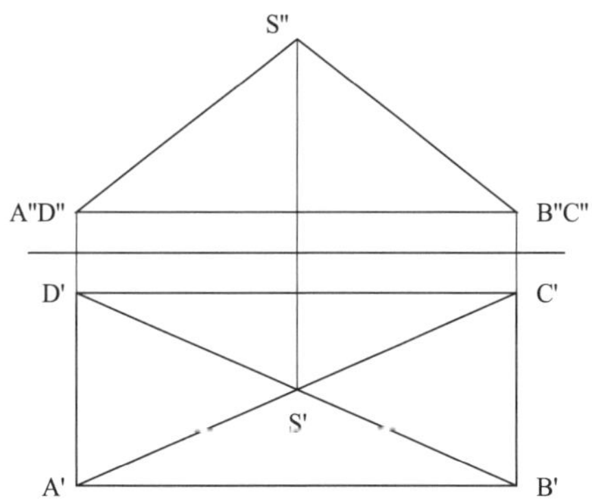

(2 BE)

10. Entscheiden Sie jeweils, ob die Aussage wahr oder falsch ist. Begründen Sie eine Ihrer Entscheidungen. (3 BE)

	wahr	falsch
Die Funktion f mit $y = f(x) = \frac{1}{x^2 + 1}$ $(x \in \mathbb{R})$ besitzt keine Polstelle.	☐	☐
Jedes Prisma besitzt mindestens sechs Begrenzungsflächen.	☐	☐

Teil B

1. Gegeben ist die Funktion f durch $y = f(x) = \frac{3}{\sqrt{x}}$ $(x \in \mathbb{R}, x > 0)$.

   a) Geben Sie zwei Eigenschaften der Funktion f oder des Graphen dieser Funktion an. (2 BE)

   b) Die Punkte $A(4 \mid y_A)$ und $B\left(x_B \mid \frac{1}{3}\right)$ liegen auf dem Graphen der Funktion f.
   Geben Sie die Koordinate y_A an.
   Bestimmen Sie die Koordinate x_B. (3 BE)

   c) Ermitteln Sie eine Funktionsgleichung der Umkehrfunktion g zur gegebenen Funktion f. (2 BE)

2. Es soll ein Informationspavillon errichtet werden, der aus einem Quader ABCDEFGH und einem pyramidenförmigen Dach EFGHS besteht (siehe Abbildung).
   Dabei sollen folgende Vorgaben eingehalten werden:

   – Die Grundfläche des Quaders ist ein Quadrat mit der Seitenlänge 10,00 m.
   – Die Höhe des Quaders beträgt 6,00 m.
   – Der Punkt S liegt auf der Geraden, die durch die Diagonalenschnittpunkte M und N der Grund- bzw. Deckfläche des Quaders festgelegt ist.

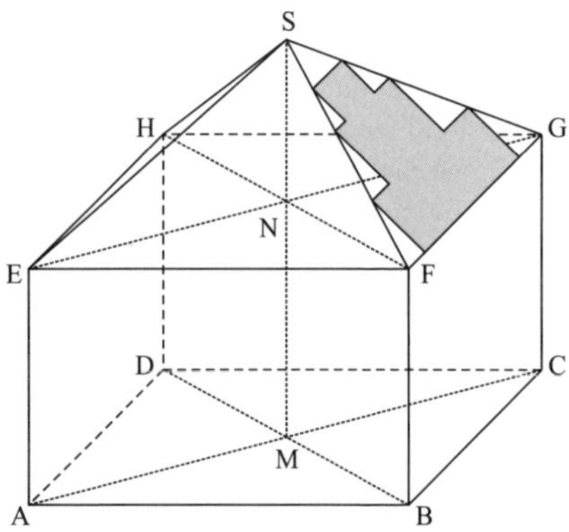

   a) Der Pavillon soll mit einem Klimagerät ausgestattet werden, das für einen Rauminhalt bis höchstens 750 m^3 ausgelegt ist.

   Berechnen Sie die maximal mögliche Höhe $\overline{SN}$ der Pyramide, damit ein solches Gerät für den Pavillon ausreicht. (3 BE)

   b) Auf der Seitenfläche FGS des Daches ist eine Solaranlage geplant, welche drei Viertel dieser Seitenfläche bedeckt (siehe Abbildung).

   Die Dachkanten $\overline{FS}$ und $\overline{GS}$ haben jeweils die Länge 8,12 m.
   Ermitteln Sie die Leistung dieser Anlage, wenn der Hersteller in den technischen Daten eine Leistung von 120 Watt pro Quadratmeter Solarfläche angibt. (4 BE)

3. Das Leipziger Neuseenland ist eine Landschaft südlich von Leipzig. Es entsteht im Rahmen der Rekultivierung des mitteldeutschen Braunkohlereviers und gewinnt für Sport und Freizeit immer mehr an Bedeutung. Die insgesamt 18 größeren Seen sollen einmal eine Wasserfläche von etwa 70 km^2 einnehmen.

a) Der Markkleeberger See besitzt seit seinem Flutungsende 2006 eine Wasserfläche von 2,5 km^2.

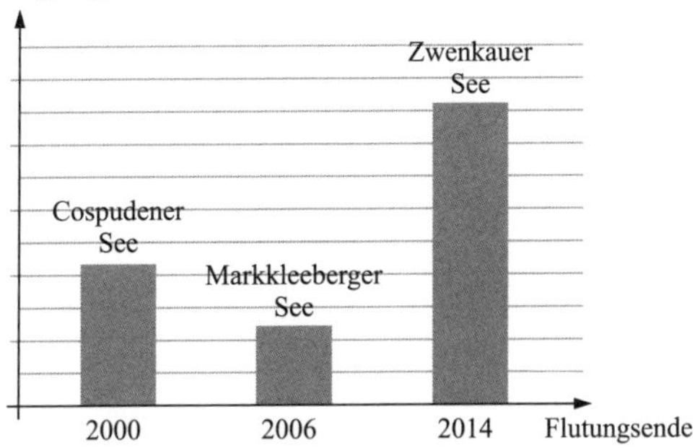

Geben Sie Näherungswerte für die Wasserfläche der zwei anderen dargestellten Seen in Hektar an. Nutzen Sie dafür das unvollständig beschriftete Diagramm.

Bestimmen Sie den prozentualen Anteil der Wasserfläche des Markkleeberger Sees an der Gesamtwasserfläche des Neuseenlandes. (4 BE)

b) Stefanie möchte von Punkt A aus zum Punkt B auf der Insel schwimmen (siehe Abbildung).

Durch Messung sind die Winkel $\sphericalangle ACB = 64°$, $\sphericalangle BAC = 77°$ und die Entfernung $\overline{AC} = 400$ m bekannt.

Berechnen Sie die Länge der Strecke $\overline{AB}$.

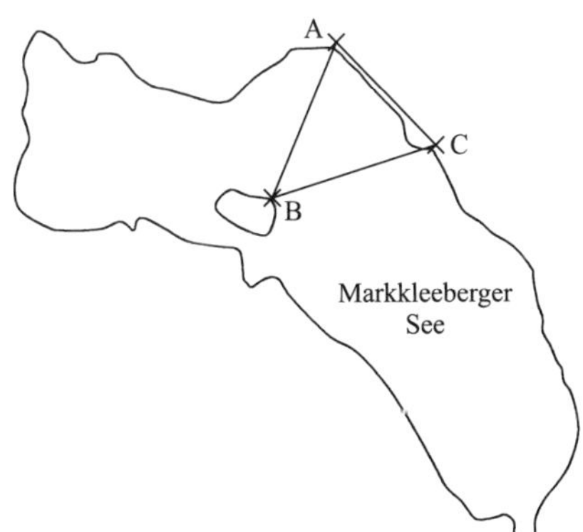

Abbildung (nicht maßstäblich)

Entscheiden Sie ohne nochmalige Rechnung, ob die vom Punkt C aus zu schwimmende Strecke kürzer ist als die Strecke $\overline{AB}$.
Begründen Sie Ihre Entscheidung. (5 BE)

c) Zum Ende der Flutung des Markkleeberger Sees im Jahr 2006 betrug das Wasservolumen ca. 63 500 000 m^3.

Die Flutung dieses Sees lässt sich näherungsweise durch die Gleichung $V(t) = u \cdot t$ beschreiben.

Dabei haben die Variablen folgende Bedeutung:

u	durchschnittliche Flutungsgeschwindigkeit in m^3 pro Monat ($u \in \mathbb{R}$, $u \geq 0$)
t	Flutungszeit in Monaten ($t \in \mathbb{R}$, $t \geq 0$)
V(t)	Wasservolumen des Sees in m^3 zur Zeit t

Für die Flutung des Markkleeberger Sees galt $u = 750\,000$.

Geben Sie das Wasservolumen an, das nach einem Jahr Flutungszeit erreicht war.

Die Flutung des Markkleeberger Sees begann an einem der drei vorgegebenen Tage:

a) 10. 03. 1990 b) 15. 05. 1995 c) 20. 07. 1999

Ermitteln Sie das Datum des Flutungsbeginns. (3 BE)

d) Eine Umfrage in einer Klasse eines Leipziger Gymnasiums ergab, dass 10 von 25 Schülern dieser Klasse den Cospudener See als Badesee bevorzugen.

Berechnen Sie für eine zufällig ausgewählte Gruppe von drei Schülern dieser Klasse jeweils die Wahrscheinlichkeit für folgende Ereignisse.

Ereignis A: Alle drei Schüler bevorzugen den Cospudener See.
Ereignis B: Höchstens zwei Schüler bevorzugen den Cospudener See.

(4 BE)

Lösungstipps zu Teil B

Tipps zu Aufgabe 1

a)

Veranschaulichen Sie sich den Graphen der Funktion mithilfe des Taschenrechners.

Finden Sie durch Analyse des Funktionsgraphen Aussagen zu Eigenschaften wie Nullstelle oder Monotonieverhalten.

b)

Da die Punkte A und B auf dem Graphen der Funktion f mit $y = f(x) = \frac{3}{\sqrt{x}}$ $(x \in \mathbb{R};$ $x > 0)$ liegen, müssen die jeweiligen Koordinaten die Funktionsgleichung erfüllen.

c)

Die Ermittlung der Funktionsgleichung der Umkehrfunktion g zur gegebenen Funktion f erfolgt in zwei Schritten.

Stellen Sie zuerst die Funktionsgleichung $y = \frac{3}{\sqrt{x}}$ $(x \in \mathbb{R};\ x > 0)$ nach der Variablen x um.

Tauschen Sie im zweiten Schritt die Variablen.

Tipps zu Aufgabe 2

a)

Der Informationspavillon ist als zusammengesetzter Körper aus einem Quader und einer geraden Pyramide mit quadratischer Grundfläche aufgebaut.

Mithilfe des gegebenen Gesamtvolumens und dem Volumen des Quaders berechnen Sie das maximal mögliche Pyramidenvolumen.

Berechnen Sie die maximal mögliche Höhe $\overline{SN}$ der Pyramide durch Umstellung der Berechnungsgleichung für das Volumen.

b)

Berechnen Sie die Größe der Dachfläche FGS.

Nutzen Sie die Gleichung $A_{FGS} = \frac{1}{2}\overline{FG} \cdot h_s$.

Die Höhe h_s des Dreiecks FGS lässt sich durch Anwendung des Satzes von Pythagoras berechnen.

Es gilt $\overline{GS}^2 = h_s^2 + \left(\frac{\overline{FG}}{2}\right)^2$.

Die Umstellung der Gleichung liefert h_s mit $h_s = \sqrt{\overline{GS}^2 - \left(\frac{\overline{FG}}{2}\right)^2}$.

- Drei Viertel der Dachfläche FGS nimmt die Solaranlage ein.
- Berechnen Sie $\frac{3}{4}$ (= 75 %) von A_{FGS}.
- Die Leistung berechnet sich aus dem Produkt der von der Anlage eingenommenen Fläche und der angegebenen Leistung pro Quadratmeter Solarfläche.

Tipps zu Aufgabe 3

a)

- Markieren Sie die Höhe der Säule des Markkleeberger Sees auf der senkrechten Achse des Diagramms.
- Bezeichnen Sie diese Markierung mit 2,5 km^2.
- Rechnen Sie die Angabe in Hektar (ha) um.
- Beachten Sie, dass gilt: 1 km^2 = 100 ha.
- Mit der Markierung lässt sich die Einteilung der senkrechten Achse (endgültige Wasserfläche) vervollständigen.
- Eine Einheit (Abstand zweier waagerechter Hilfsgeraden) beträgt etwa 1 km^2 = 100 ha.
- Bilden Sie das Verhältnis aus der Größe der Fläche des Markkleeberger Sees und der Größe der Gesamtwasserfläche des Neuseenlandes.
- Geben Sie den Anteil in Prozent an.

b)

- Ermitteln Sie die Größe des Winkels CBA im Dreieck ABC.
- Nutzen Sie dazu den Innenwinkelsatz für Dreiecke.
- Berechnen Sie die Länge der Strecke $\overline{AB}$ unter Nutzung des Sinussatzes.
- Entscheiden und begründen Sie mithilfe der Seiten-Winkel-Beziehung in einem Dreieck, ob die Strecke $\overline{BC}$ kürzer ist als die Strecke $\overline{AB}$.

c)

- Nutzen Sie die angegebene Funktionsgleichung $V(t) = u \cdot t$.
- Setzen Sie $u = 750\,000$ und $t = 12$ in die Funktionsgleichung ein und berechnen Sie damit das Wasservolumen nach einem Jahr.
- Zum Ende der Flutung des Markkleeberger Sees 2006 betrug das Wasservolumen etwa 63 500 000 m^3.
- Durch Einsetzen in die Funktionsgleichung kann die Flutungszeit in Monaten berechnet werden.

- Damit kann auf den Flutungsbeginn geschlossen werden.

d)

- Fertigen Sie ein Baumdiagramm zum Sachverhalt an.
- Notieren Sie die Pfadwahrscheinlichkeiten.
- Wenden Sie die Pfadregeln für die Berechnung der Wahrscheinlichkeiten der Ergebnisse A bzw. B an.

1. ☒ 800 €

Erklärung der Lösung:
5 % des Grundwertes sind mit 40 € gegeben.
Gesucht ist der Grundwert, also 100 %.

$$\cdot 20 \left(\begin{array}{rcl} 5\,\% & \hat{=} & 40\,€ \\ 100\,\% & \hat{=} & 800\,€ \end{array} \right) \cdot 20$$

2. ☒ 25

Erklärung der Lösung:
Es gibt 5 Stationen. Wenn man von jeder Station zu jeder anderen Station oder zur Ausgangsstation fahren kann, gibt es $5 \cdot 5 = 25$ Möglichkeiten und damit 25 verschiedene Fahrkarten.

3. ☒ 100 m^2

Erklärung der Lösung:
Das „Planquadrat" muss eine Seitenlänge von 5 cm haben, damit sein Flächeninhalt $5\text{ cm} \cdot 5\text{ cm} = 25\text{ cm}^2$ beträgt.
Der Maßstab 1 : 200 bedeutet, dass 1 cm auf dem Plan (Bild) 200 cm = 2 m in der Wirklichkeit (Original) sind.

Es gilt:

	Bild	Original	
$\cdot 5$ (	1 cm	200 cm	) $\cdot 5$
	5 cm	1 000 cm = 10 m	

Die Fläche ist in Wirklichkeit $10\text{ m} \cdot 10\text{ m} = 100\text{ m}^2$ groß.

4. ☒ V

Erklärung der Lösung:
Nach den Kongruenzsätzen sind zwei Dreiecke stets zueinander kongruent, wenn sie

a) in zwei Seiten und dem eingeschlossenen Winkel übereinstimmen,
b) in zwei Seiten und dem Gegenwinkel der größeren Seite übereinstimmen.

In der vorliegenden Aussage wird keine Zuordnung für den Innenwinkel vorgenommen. Die zwei Dreiecke müssen nicht kongruent zueinander sein.

5. ☒ 4

Erklärung der Lösung:
Für das zufällige Ziehen einer blauen Kugel beträgt die Wahrscheinlichkeit $\frac{1}{4} = 25\ \%$. Die 3 blauen Kugeln nehmen ein Viertel der Anzahl aller Kugeln ein. Also beträgt die Gesamtzahl der Kugeln $3 \cdot 4 = 12$. Diese Gesamtzahl setzt sich aus der Anzahl der gelben (5), blauen (3) und roten (n) Kugeln zusammen. Es müssen deshalb mit $5 + 3 + n = 12$ genau $n = 4$ rote Kugeln sein.

6. ☒ $5 + 0{,}09 \cdot n$

Erklärung der Lösung:
Jeden Monat muss Andrea für ihren Mobilfunkvertrag 5 € Grundgebühr und 9 Cent = 0,09 € pro Minute Nutzung bezahlen.
Da n die Anzahl der Gesprächsminuten angibt, ergibt sich als Berechnungsterm für den monatlichen Gesamtpreis $5 + 0{,}09 \cdot n$.

7.

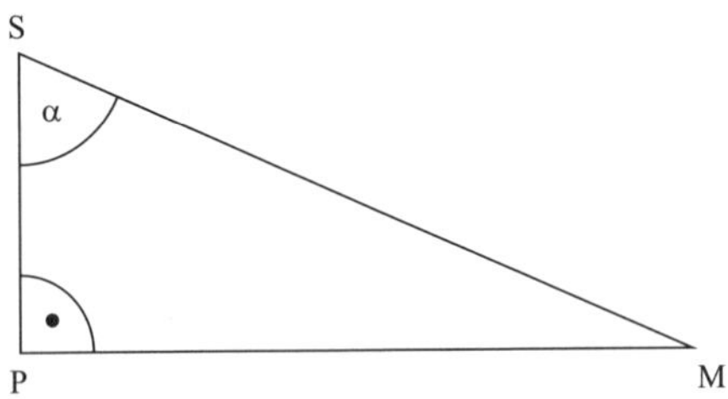

$$\tan\alpha = \frac{\overline{MP}}{\overline{SP}}$$

Erklärung der Lösung:
Nach Definition gilt in jedem rechtwinkligen Dreieck:
Das Verhältnis aus der Länge der Gegenkathete und der Länge der Ankathete eines Winkels nennt man Tangens dieses Winkels.

$$\text{Tangens eines Winkels} = \frac{\text{Länge der Gegenkathete des Winkels}}{\text{Länge der Ankathete des Winkels}}$$

Für das vorgegebene Verhältnis muss $\overline{MP}$ die Gegenkathete des Winkels α und $\overline{SP}$ die Ankathete des Winkels α sein.

8. $\underline{\underline{y = f(x) = (x-2)^2 - 1}}$

Erklärung der Lösung:
Der Graph der Funktion f ist eine Normalparabel, deren Scheitelpunkt die Koordinaten $S(2\,|\,-1)$ besitzt. Mithilfe der Scheitelpunktkoordinaten lässt sich die Scheitelpunktform wie angegeben aufstellen.

$\underline{\underline{y = g(x) = 3x + 3}}$

Erklärung der Lösung:
Die Gerade g ist der Graph einer linearen Funktion der Form $y = g(x) = m \cdot x + n$.
Sie schneidet die y-Achse im Punkt $P(0 \mid 3)$, deshalb ist der Achsenabschnitt $n = 3$.
Den Anstieg kann man über das Anstiegsdreieck ermitteln: $m = 3$.
Der Anstieg m könnte auch mithilfe des Achsenabschnittes $n = 3$ und einem weiteren Punkt, z. B. $Q(-1 \mid 0)$ ermittelt werden:

$$\begin{aligned} 0 &= m \cdot (-1) + 3 \quad &&\mid -3 \\ -3 &= -m &&\mid \cdot (-1) \\ 3 &= m \end{aligned}$$

Neben diesen zwei Lösungsvarianten kann man für die Ermittlung der Funktionsgleichung auch so vorgehen:
1. Ablesen der Koordinaten zweier Punkte aus der Graphik.
2. Aufstellen des linearen Gleichungssystems durch jeweiliges Einsetzen der Punktkoordinaten in die Funktionsgleichung $y = m \cdot x + n$.
3. Lösen des linearen Gleichungssystems.

Hinweis: Für schnelles Lösen der Aufgabe ist das erstgenannte Vorgehen zu empfehlen.

$\underline{\underline{A \approx 3\text{m}^2}}$

Erklärung der Lösung:
Mithilfe des Dreiecks ABC, wobei $A(-1 \mid 0)$, $B(1 \mid 0)$ und $C(0 \mid 3)$ ablesbar sind, lässt sich die krummlinig begrenzte, gesuchte Fläche näherungsweise beschreiben.

Den Flächeninhalt A_{ABC} des Dreiecks ABC berechnet man mithilfe der Gleichung $A_\Delta = \frac{g \cdot h}{2}$ g … Grundseite,
h … zugehörige Höhe.
Die Grundseite des Dreiecks ABC ist der Abstand des Punktes B vom Punkt A: $g = 2$.
Die benötigte Höhe ergibt sich aus der y-Koordinate des Schnittpunktes der Funktionsgraphen mit der y-Achse: $C(0 \mid 3)$, also $h = 3$.

Die Einsetzung ergibt $A_{ABC} = \frac{2 \cdot 3}{2} = 3$.

Unter Berücksichtigung der Vorgabe (eine Längeneinheit entspricht einem Meter) ergibt sich für den gesuchten Flächeninhalt eine angenäherte Größe von 3 m^2.

9. $\underline{\underline{\overline{AB} \text{ und } \overline{CD}}}$

Erklärung der Lösung:
Körperkanten, die parallel zur Aufrissebene liegen, erscheinen im Aufriss in wahrer Größe. Das trifft auf $\overline{AB}$ und $\overline{CD}$ zu.

10. Die Aussage „Die Funktion f mit $y = f(x) = \frac{1}{x^2+1}$ $(x \in \mathbb{R})$ besitzt keine Polstelle.“ ist <u>wahr.</u>

Begründung:

Es liegt eine gebrochenrationale Funktion der Struktur $y = f(x) = \frac{p(x)}{q(x)}$ vor.

Ist x_1 eine Nullstelle des Nenners, also $q(x_1) = 0$, aber nicht des Zählers, also $p(x_1) \neq 0$, so nennt man x_1 Polstelle der Funktion f(x).
Für den Term $q(x) = x^2 + 1$ findet sich kein x, sodass $x^2 + 1 = 0$ gilt. Die Funktion f(x) hat deshalb keine Polstelle.

Die Aussage „Jedes Prisma besitzt mindestens sechs Begrenzungsflächen“ ist <u>falsch.</u>

Begründung:

Ein Prisma mit dreiseitiger Grundfläche (kleinstmögliche Fläche) hat neben Grund- und Deckfläche drei Seitenflächen. Das ergibt eine Anzahl von 5 Begrenzungsflächen.

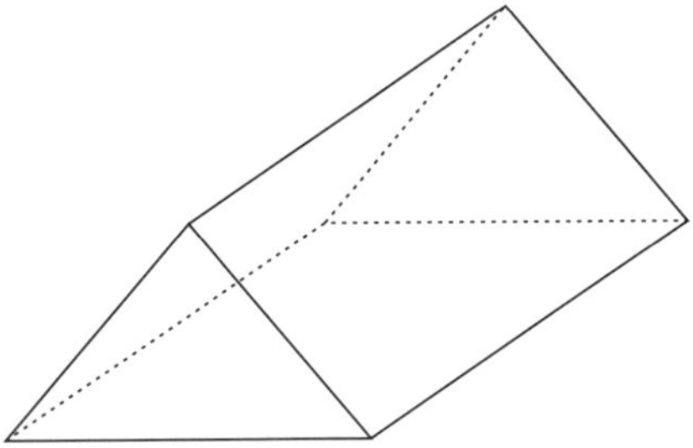

Lösungen zu Teil B

1. a) Eigenschaften der Funktion f oder des Graphen dieser Funktion:
   - Wertebereich: $y \in \mathbb{R};\ y > 0$
   - Die Funktion hat keine Nullstelle.
   - Der Graph der Funktion ist im gesamten Definitionsbereich streng monoton fallend.
   - Die waagerechte Asymptote ist $y = 0$.
   - Die senkrechte Asymptote ist $x = 0$.
   - Der Graph der Funktion ist weder achsensymmetrisch zur y-Achse noch punktsymmetrisch zum Koordinatenursprung.

   Zum Ablesen der Eigenschaften des Graphen der Funktion eignet sich das GRAPH-Menü des GTR.

   Hinweis: Von den angeführten Eigenschaften sind laut Aufgabenstellung nur zwei anzugeben.

b) $\underline{\underline{y_A = 1{,}5}}$

Erklärung der Lösung:
Der Punkt A liegt auf dem Graphen der Funktion f. Seine Koordinaten müssen die Gleichung der Funktion erfüllen.

Es gilt deshalb:

$$y_A = f(x_A) = \frac{3}{\sqrt{x_A}}$$

$$y_A = f(4) = \frac{3}{\sqrt{4}}$$

$$y_A = \frac{3}{2} = 1{,}5$$

Bestimmung von x_B:
Der Punkt B liegt auch auf dem Graphen der Funktion f. Deshalb müssen die Punktkoordinaten die Gleichung der Funktion erfüllen. Durch Umstellung ermittelt man die gesuchte x-Koordinate (x_B) des Punktes B.

$$\frac{1}{3} = \frac{3}{\sqrt{x_B}} \qquad |\cdot\sqrt{x_B}$$

$$\frac{\sqrt{x_B}}{3} = 3 \qquad |\cdot 3$$

$$\sqrt{x_B} = 9 \qquad |(\ )^2$$

$$\underline{\underline{x_B = 81}}$$

Hinweis: Zur Ermittlung von y_A und x_B kann auch das GRAPH-Menü des GTR verwendet werden.

c) Zur Ermittlung der Gleichung der Umkehrfunktion g muss die Funktionsgleichung von f nach x umgestellt werden. Im zweiten Schritt erfolgt eine Umbenennung der Variablen, sodass die Argumente der Umkehrfunktion $\overline{f} = g$ mit x und die Funktionswerte mit y bezeichnet werden.

$$y = \frac{3}{\sqrt{x}} \qquad |\cdot\sqrt{x}\ \ (x > 0)$$

$$y \cdot \sqrt{x} = 3 \qquad |:y$$

$$\sqrt{x} = \frac{3}{y} \qquad |(\ )^2$$

$$x = \frac{9}{y^2} = \overline{f}(y) \qquad |\text{Variablentausch}$$

$$\underline{\underline{g(x) = \frac{9}{x^2}}}$$

2. a) Das Volumen V des zusammengesetzten Körpers berechnet sich aus der Summe der Volumina der Teilkörper, dem Volumen V_Q des Quaders und dem Volumen V_P der regelmäßigen, vierseitigen, geraden Pyramide:

$$V = V_Q + V_P$$

Laut Aufgabenstellung darf das Gesamtvolumen wegen des Klimagerätes 750 m^3 nicht überschreiten. Damit gilt:

$$750\ m^3 \geq V_Q + V_P$$

Berechnung des Quadervolumens:

$$V_Q = 10\ m \cdot 10\ m \cdot 6\ m = 600\ m^3$$

Somit kann man das Volumen der Pyramide höchstens 150 m^3 betragen, damit das Höchstvolumen von 750 m^3 eingehalten wird.

$$750\ m^3 \geq 600\ m^3 + V_P \quad |-600\ m^3$$
$$150\ m^3 \geq V_P$$

Über die Berechnungsformel für das Pyramidenvolumen kann die maximal mögliche Höhe $h = \overline{SN}$ der Pyramide bei bekannter Grundfläche A_G und ermitteltem Höchstvolumen V_P bestimmt werden:

$$V_P = \frac{1}{3} \cdot A_G \cdot h$$
$$V_P = \frac{1}{3} \cdot A_G \cdot \overline{SN} \quad |\cdot 3$$
$$3 \cdot V_P = A_G \cdot \overline{SN} \quad |: A_G$$
$$\frac{3 \cdot V_P}{A_G} = \overline{SN} \quad |\text{Seitentausch}$$
$$\overline{SN} = \frac{3 \cdot 150\ m^3}{(10\ m)^2}$$
$$\overline{SN} = \frac{450\ m^{\not 3}}{100\ \not{m}^{\not 2}}$$
$$\underline{\underline{\overline{SN} = 4{,}5\ m}}$$

(*Hinweis:* Nutzen Sie die Einheitenkontrolle, um die Richtigkeit der umgestellten Gleichung zu prüfen.)

Ergebnis: Die maximal mögliche Höhe der Pyramide beträgt 4,5 m.

b) Zur Ermittlung der Leistung benötigt man die Größe der Fläche, die die Solaranlage einnimmt. Deshalb muss zuerst der Flächeninhalt der Dachfläche FGS berechnet werden. Über den Satz des Pythagoras kann die zur Grundseite $\overline{FG}$ zugehörige Höhe h_S des Dreiecks FGS berechnet werden.

Berechnung der Höhe h_S:

$$\overline{GS}^2 = h_S^2 + \left(\frac{\overline{FG}}{2}\right)^2 \qquad \left| -\left(\frac{\overline{FG}}{2}\right)^2 \text{ und Seitentausch}\right.$$

$$h_S^2 = \overline{GS}^2 - \left(\frac{\overline{FG}}{2}\right)^2 \qquad |\sqrt{\ } \quad (h_S > 0)$$

$$h_S = \sqrt{\overline{GS}^2 - \left(\frac{\overline{FG}}{2}\right)^2}$$

$$h_S = \sqrt{(8{,}12\text{ m})^2 - (5{,}00\text{ m})^2}$$

$$h_S \approx 6{,}40\text{ m}$$

Berechnung der Größe der Dachfläche FGS:

$$A_{FGS} = \frac{1}{2}\overline{FG} \cdot h_S$$

$$A_{FGS} \approx \frac{1}{2} \cdot 10{,}00\text{ m} \cdot 6{,}40\text{ m}$$

$$A_{FGS} \approx 32\text{ m}^2$$

Es ist sinnvoll, schon hier auf Quadratmeter zu runden und mit diesem Wert weiterzuarbeiten, da sich die angegebene Leistung auf einen Quadratmeter bezieht.

Drei Viertel dieser Fläche werden von der Solaranlage eingenommen.

Größe der Solarfläche A_S:

$$A_S = \frac{3}{4} \cdot A_{FGS}$$

$$A_S \approx 24\text{ m}^2$$

Ermittlung der Leistung der Anlage:

$$P \approx 24\ \cancel{\text{m}^2}^{1} \cdot 120 \frac{\text{W}}{\cancel{\text{m}^2}^{1}}$$

$$\underline{\underline{P \approx 2\,880\text{ W}}}$$

Ergebnis: Die Anlage hat eine ungefähre Leistung von 2 880 W.

3. a) Der Markkleeberger See besitzt seit seinem Flutungsende 2006 eine Wasserfläche von 2,5 km^2.

Markiert man die Säulenhöhe mit dieser Angabe auf der senkrechten Achse des Diagramms, lässt sich die Einteilung dieser Achse vervollständigen. Eine Einheit (Abstand zweier waagrechter Hilfsgeraden) beträgt etwa
$1\text{ km}^2 = 100\text{ ha}$.

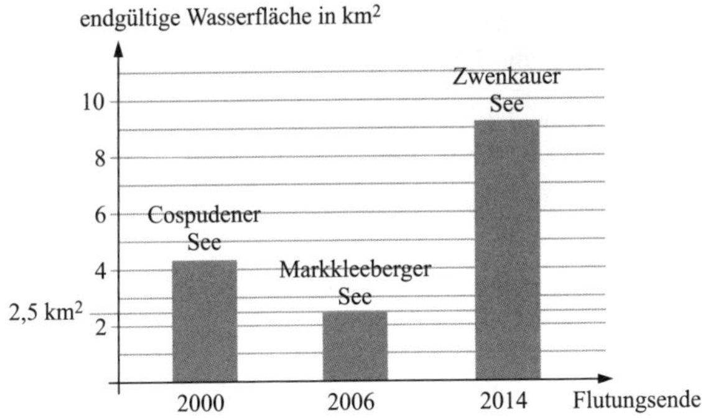

1. Lösungsmöglichkeit:

Durch Ablesen lassen sich ungefähr die gesuchten Werte für die Wasserflächen der zwei anderen dargestellten Seen angeben.

Cospudener See:

$4{,}3\,\text{km}^2 = \underline{\underline{430\,\text{ha}}}$

Zwenkauer See:

$9{,}2\,\text{km}^2 = \underline{\underline{920\,\text{ha}}}$

2. Lösungsmöglichkeit:

Mit der vorgegebenen Größe von 2,5 km² findet man eine sinnvolle Einteilung der senkrechten Achse (siehe Abbildung).

Durch Messen der Säulenhöhen und dem Lösen von Verhältnisgleichungen lassen sich die gesuchten Näherungswerte ebenfalls bestimmen.

Cospudener See:

$$\begin{aligned} :6\ (\quad 6\,\text{mm} &\mathrel{\hat{=}} 2\,\text{km}^2 \quad):6 \\ 1\,\text{mm} &\mathrel{\hat{=}} \tfrac{2}{6}\,\text{km}^2 \\ \cdot 13\ (\quad 13\,\text{mm} &\mathrel{\hat{=}} \tfrac{26}{6}\,\text{km}^2 \quad)\cdot 13 \end{aligned}$$

$\frac{26}{6}\,\text{km}^2 \approx 4{,}33\,\text{km}^2$

Zwenkauer See:

$$\begin{aligned} :6\ (\quad 6\,\text{mm} &\mathrel{\hat{=}} 2\,\text{km}^2 \quad):6 \\ 1\,\text{mm} &\mathrel{\hat{=}} \tfrac{2}{6}\,\text{km}^2 \\ \cdot 27{,}5\ (\quad 27{,}5\,\text{mm} &\mathrel{\hat{=}} \tfrac{55}{6}\,\text{km}^2 \quad)\cdot 27{,}5 \end{aligned}$$

$\frac{55}{6}\,\text{km}^2 \approx 9{,}17\,\text{km}^2$

Ergebnis: Die Wasserfläche des Cospudener Sees ist etwa 430 ha groß, die des Zwenkauer Sees ungefähr 920 ha.

Hinweis: Aufgrund unterschiedlicher Lösungsmöglichkeiten können die Ergebnisse Abweichungen aufweisen. Für die Größe der Wasserfläche des Cospudener Sees sollte gelten:

$420 \text{ ha} \le A \le 440 \text{ ha}$

Analog liegt die Größe des Zwenkauer Sees im folgenden Bereich:

$915 \text{ ha} \le A \le 935 \text{ ha}$

Bestimmen des Anteils der Wasserfläche des Markkleeberger Sees an der Gesamtwasserfläche des Neuseenlandes:

$$p = \frac{2{,}5 \text{ km}^2}{70 \text{ km}^2} \approx 0{,}0357$$

Ergebnis: Die Wasserfläche des Markkleeberger Sees nimmt etwa 3,6 % der Gesamtwasserfläche des Neuseenlandes ein.

b) Für das spitzwinklige Dreieck ABC sind die Länge der Seite b und die an ihr anliegenden Innenwinkel bekannt. Damit ist das Dreieck nach Kongruenzsatz wsw eindeutig bestimmt.

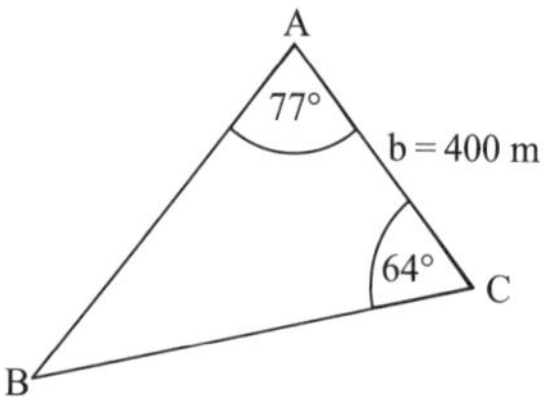

Skizze mit gegebenen Größen

Mithilfe des Innenwinkelsatzes lässt sich die Größe des dritten Innenwinkels ($\sphericalangle CBA$) ermitteln. Über den Sinussatz berechnet man die gesuchte Länge der Strecke $\overline{AB}$.

$$\sphericalangle CBA = 180° - (77° + 64°) = 39°$$

$$\frac{\overline{AB}}{\sin \sphericalangle ACB} = \frac{\overline{AC}}{\sin \sphericalangle CBA} \quad \Big| \cdot \sin \sphericalangle ACB$$

$$\overline{AB} = \frac{\overline{AC} \cdot \sin \sphericalangle ACB}{\sin \sphericalangle CBA}$$

$$\overline{AB} = \frac{400 \text{ m} \cdot \sin 64°}{\sin 39°}$$

$$\underline{\underline{\overline{AB}}} \approx 571 \text{ m}$$

Ergebnis: Die Länge der Strecke $\overline{AB}$ beträgt rund 571 m.

Die Strecke $\overline{BC}$ muss länger sein als die Strecke $\overline{AB}$. Für jedes Dreieck gilt die Seiten-Winkel-Beziehung: Der größeren von zwei Seiten liegt auch der größere Winkel gegenüber. Und dem größeren von zwei Winkeln liegt auch die größere Seite gegenüber.

Der Vergleich der Winkelgrößen ergibt $\sphericalangle BAC > \sphericalangle ACB$. Somit lässt sich schlussfolgern, dass $\overline{BC} > \overline{AB}$.

c) $\underline{\underline{V = 9\,000\,000\ \text{m}^3}}$

Erklärung der Lösung:
Die Flutung des Markkleeberger Sees lässt sich näherungsweise durch die Gleichung $V(t) = u \cdot t$ beschreiben.
Der Wert $u = 750\,000$ ist gegeben, sodass ohne Einheiten gerechnet wird. Die Flutungszeit von einem Jahr muss in Monate umgerechnet werden (1 Jahr = 12 Monate). Nach Einsetzen der Werte erhält man das gesuchte Volumen.

$$V(t) = u \cdot t$$
$$V(12) = 750\,000 \cdot 12$$
$$V = 9\,000\,000$$

Zum Ende der Flutung des Markkleeberger Sees 2006 betrug das Wasservolumen etwa $63\,500\,000\ \text{m}^3$. Durch Einsetzen in die Funktionsgleichung kann man die Flutungszeit in Monaten berechnen und damit auf den Beginn der Flutung schließen.

Ohne Berücksichtigung der Einheiten gilt:

$$63\,500\,000 = 750\,000 \cdot t \quad |:750\,000$$
$$84,\overline{6} = t$$

Die Flutungszeit beträgt $84\frac{2}{3}$ Monate, das sind etwa 7 Jahre.

Die Zurückrechnung vom Jahr 2006 ergibt, dass die Flutung am 20. 07. 1999 (c) begonnen haben muss.

Ergebnis: Die Flutung des Markkleeberger Sees begann am 20. 07. 1999.

d) *1. Lösungsmöglichkeit:*

Berechnen der Wahrscheinlichkeiten mit kombinatorischen Mitteln:

$$\underline{\underline{P(A)}} = \frac{\binom{10}{3} \cdot \binom{15}{0}}{\binom{25}{3}} = \frac{120 \cdot 1}{2\,300} = \underline{\underline{\frac{6}{115}}}$$

$$P(B) = \frac{\binom{10}{2} \cdot \binom{15}{1} + \binom{10}{1} \cdot \binom{15}{2} + \binom{10}{0} \cdot \binom{15}{3}}{\binom{25}{3}}$$

$$= \frac{675 + 1\,050 + 455}{2\,300} = \frac{218}{230}$$

$$\underline{\underline{P(B) = \frac{109}{115}}}$$

2. Lösungsmöglichkeit:

Das verkürzte Baumdiagramm dient der Veranschaulichung des Sachverhaltes zur Berechnung der Wahrscheinlichkeiten der Ereignisse A und B.

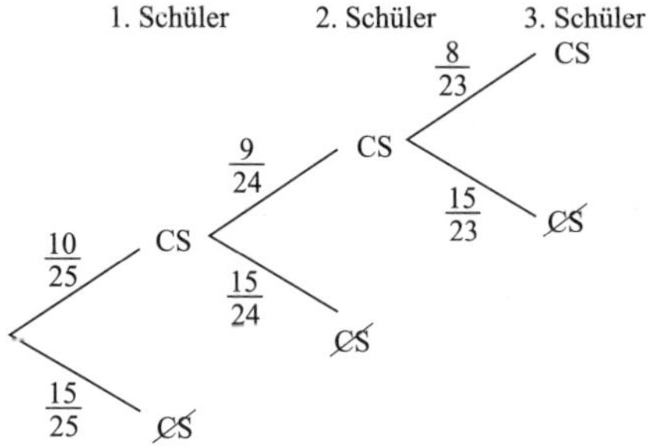

CS … Cospudener See wird als Badesee bevorzugt.

$\not{C}\not{S}$ … Cospudener See wird nicht bevorzugt.

X … Anzahl der Liebhaber des Cospudener Sees

$$\underline{\underline{P(A)}} = P(X = 3) = \frac{10}{25} \cdot \frac{9}{24} \cdot \frac{8}{23} = \frac{720}{13\,800} = \underline{\underline{\frac{6}{115}}}$$

(Anwendung der Pfadmultiplikationsregel)

$$\underline{\underline{P(B)}} = P(X \leq 2) = 1 - P(X = 3) = 1 - \frac{6}{115} = \underline{\underline{\frac{109}{115}}}$$

Besondere Leistungsfeststellung Mathematik Sachsen
2010

Teil A

(ohne Nutzung von Tabellen- und Formelsammlung sowie Taschenrechner)

In den Aufgaben 1 bis 6 ist von den jeweils fünf Auswahlmöglichkeiten genau eine Antwort richtig. Kreuzen Sie das jeweilige Feld an.

1. Eine Firma stellt Bauteile für die Fahrzeugelektronik her. In der Abschlusskontrolle wurden 50 Teile aussortiert. Wie viele Teile sind wohl kontrolliert worden, wenn die Ausschussquote bei diesen Bauteilen 2 % beträgt? (1 BE)

☐	☐	☐	☐	☐
100	250	1 000	2 500	5 000

2. Kreuzen Sie das Kästchen an, unter dem alle Werte für a und b stehen, für die der Term $\frac{(a+9)\cdot b}{(a^2-9)\cdot(b-2)}$ nicht definiert ist. (1 BE)

☐	☐	☐	☐	☐
$a = 9$ $a = -9$ $b = 2$	$a = 3$ $b = 2$	$a = 3$ $a = -3$ $b = 2$	$a = -3$ $b = -2$	$a = -9$ $b = 0$

3. In einem Klubraum gibt es 6 Leuchten, die jeweils durch einen Schalter einzeln ein- und ausgeschaltet werden können. Wie viele unterschiedliche Schalterstellungen gibt es? (1 BE)

☐	☐	☐	☐	☐
6	12	24	36	64

4. Der Graph welcher Funktion g schneidet den Graphen der Funktion $f(x) = (x+1)^2 + 2 \quad (x \in \mathbb{R})$? (1 BE)

☐	☐	☐	☐	☐
$g(x) = \frac{1}{x}$ $(x \in \mathbb{R};\ x \neq 0)$	$g(x) = \sqrt{x}$ $(x \in \mathbb{R};\ x \geq 0)$	$g(x) = x$ $(x \in \mathbb{R})$	$g(x) = \ln x$ $(x \in \mathbb{R};\ x > 0)$	$g(x) = \sin x$ $(x \in \mathbb{R})$

5. Wie lang ist die Diagonale eines Quadrats mit der Seitenlänge 15 cm? (1 BE)

☐ 15 cm ☐ $15 \cdot \sqrt{2}$ cm ☐ $15 \cdot \sqrt{3}$ cm ☐ 30 cm ☐ $30 \cdot \sqrt{2}$ cm

6. Welcher der im Schrägbild dargestellten Würfel gehört nicht zu dem rechts dargestellten Körpernetz?

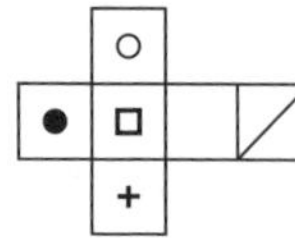

☐  ☐ 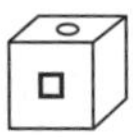 ☐ 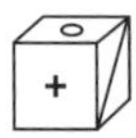 ☐  ☐  (1 BE)

7. Ein Spielzeugauto kostet mit Batterie 11,00 €. Dabei ist das Spielzeugauto um 10,00 € teurer als die darin enthaltene Batterie.
Ermitteln Sie die Preise für das Spielzeugauto und für die Batterie. (2 BE)

8. Für die in der nebenstehenden Abbildung dargestellte dreiseitige Pyramide gelten folgende Beziehungen:
$\sphericalangle ACB = \sphericalangle BCD = \sphericalangle ACD = 90°$
und
$\overline{AC} = \overline{CB} = \overline{CD} = x.$

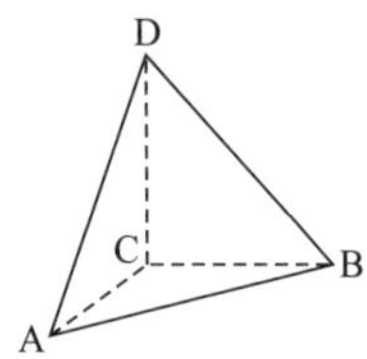

Abbildung (nicht maßstäblich)

a) Zeigen Sie, dass für das Volumen dieser Pyramide gilt: $V(x) = \frac{1}{6} \cdot x^3$ (2 BE)

b) Geben Sie den Wert für x an, für den das Volumen dieser Pyramide $\frac{9}{2}$ beträgt. (1 BE)

9. Gegeben ist die Gerade g durch die Gleichung $y = 4x - 7$.
Geben Sie jeweils eine Gleichung einer anderen Geraden an, welche die jeweilige Bedingung erfüllt.

a) Die Gerade h verläuft parallel zur Geraden g.
h: ______________________

b) Die Gerade i verläuft durch den Koordinatenursprung und ist senkrecht zur Geraden g.
i: ______________________

c) Die Gerade j schneidet die Gerade g im Punkt $S(2|1)$.
j: ______________________

d) Die Gerade k entsteht durch Spiegelung der Geraden g an der y-Achse.
k: ______________________ (4 BE)

Teil B

1. Gegeben sind die Funktionen f und g durch

   $y = f(x) = \sqrt{2} \cdot \sin x \ \ (x \in \mathbb{R})$ und $y = g(x) = -\sqrt{2} \cdot \sin\left(\frac{1}{3} \cdot x\right) \ \ (x \in \mathbb{R})$.

   a) Vergleichen Sie die Wertebereiche der Funktionen f und g.
   Geben Sie jeweils die kleinste Periode der Funktionen f und g an. (3 BE)

   b) Geben Sie alle Argumente im Intervall $0 \le x \le 3 \cdot \pi$ an, für die $f(x) = 1$ gilt. (2 BE)

   c) Die Gerade mit der Gleichung $y = 1$, der Graph der Funktion f und die x-Achse schließen im Intervall $0 \le x \le \pi$ eine Fläche vollständig ein.

   Ermitteln Sie einen Näherungswert für den Inhalt dieser Fläche. (2 BE)

2. Herr Schlau möchte einen Teil seines Gartens neu gestalten. Zu diesem Zweck misst er die Längen der Begrenzungslinien und trägt sie in eine Skizze des Gartens ein (siehe Skizze).

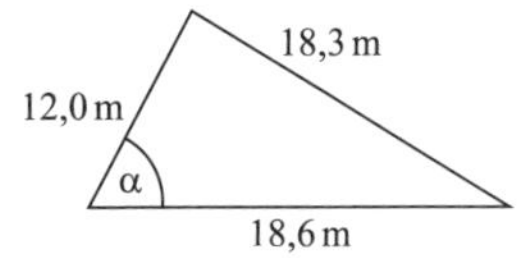

Skizze

   a) Auf einem Zeichenblatt im Format A4 zeichnet Herr Schlau einen maßstäblichen Plan des Gartens.
   Geben Sie dafür einen geeigneten Maßstab an. (1 BE)

   b) Herr Schlau benötigt die Größe des Winkels α.
   Berechnen Sie die Größe des Winkels α. (2 BE)

   c) Die gesamte Fläche dieses Gartenteils soll mit einer 10 cm hohen Schicht Humuserde bedeckt werden.
   Berechnen Sie, wie viel Kubikmeter Erde dafür benötigt werden. (3 BE)

   d) Herr Schlau meint: „Wenn ich doppelt so viel Erde bestelle, kann ich auf gleiche Weise eine Fläche bearbeiten, bei der die Seiten alle doppelt so groß sind wie in Wirklichkeit."

   Nehmen Sie begründet Stellung zu dieser Aussage von Herrn Schlau. (2 BE)

3. Beim Hürdenlauf müssen die Männer zehn Hürden auf einer Strecke von 110 m überspringen. Die Höhe einer Hürde für Männer beträgt 42 Zoll, das sind genau 1,0668 m.

   a) Die Höhe einer Hürde für Frauen beträgt 33 Zoll.
   Berechnen Sie diese Höhe in Meter. (2 BE)

   b) Beim Hürdenlauf der Männer beträgt der Abstand zwischen den Hürden jeweils 9,14 m. Die erste Hürde steht 13,72 m nach dem Start.
   Ermitteln Sie die verbleibende Distanz von der letzten Hürde bis zum Ziel. (2 BE)

c) Die optimale Sprungkurve eines Hürdenläufers (siehe Abbildung 1) kann im ersten Quadranten eines Koordinatensystems (1 Längeneinheit entspricht 1 Meter) durch den Graphen der Funktion f mit

$f(s)=\sqrt{(3{,}30-s)\cdot 0{,}25\cdot s^2}$

($s\in\mathbb{R}; 0{,}00\le s\le s_W$) näherungsweise dargestellt werden.

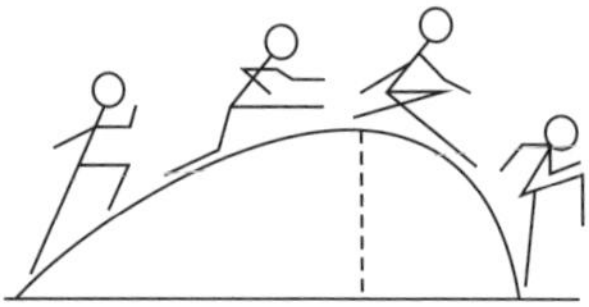

Abbildung 1 (nicht maßstäblich)

Bei optimalem Sprung ist der höchste Punkt der Sprungkurve genau über der Hürde.

Ermitteln Sie für diesen Fall die Entfernung der Absprungstelle von der Hürde.

Ermitteln Sie die Sprungweite s_W. (4 BE)

d) Bei einer Hürde für Männer wird die Länge a der waagerechten Stütze so gewählt, dass der Winkel α die Größe 70° besitzt (siehe Abbildung 2).

Berechnen Sie die Länge der waagerechten Stütze.

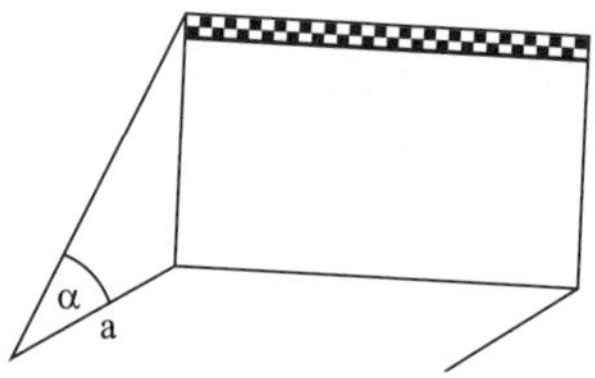

Abbildung 2 (nicht maßstäblich) (2 BE)

e) Im Rennen kippen die Hürden jeweils mit einer Wahrscheinlichkeit von 40 %.

Berechnen Sie die Wahrscheinlichkeit dafür, dass bei einem Lauf auf einer 110-m-Bahn mindestens eine Hürde kippt. (2 BE)

f) Die Tabelle beinhaltet die Zeiten (in Sekunden) der letzten Trainingsläufe von Alex und Erik.

Alex	14,10	14,01	13,60	13,61	13,59	14,11	13,62	13,60	14,10	13,66
Erik	13,77	13,93	13,73	13,59	14,02	14,11	13,82	13,65	13,63	13,75

Geben Sie für beide Messreihen jeweils das arithmetische Mittel und die Standardabweichung an.

Begründen Sie mit diesen statistischen Kenngrößen, welchen der beiden Sportler Sie zum Wettkampf delegieren würden. (3 BE)

Lösungstipps zu Teil B

Tipps zu Aufgabe 1

a)

- Veranschaulichen Sie sich die Graphen beider Funktionen mithilfe des GTR.
- Ermitteln und vergleichen Sie jeweils die maximalen und minimalen Funktionswerte.
- Für die kleinste Periode p muss für alle $x \in D_f$ gelten: $f(x) = f(x+p)$
- Die kleinste Periode p lässt sich bestimmen über: $p = \frac{2\pi}{b}$

b)

- Geben Sie die Gleichungen 1: $f(x) = \sqrt{2} \cdot \sin x$ und 2: $f(x) = 1$ in das GRAPH-Menü des GTR ein.
- Ermitteln Sie nun die Schnittstellen der Funktionsgraphen.

c)

- Zeichnen Sie im Intervall $0 \le x \le \pi$ unter der Funktionskurve ein Trapez ein.
- Die Grundseite a des Trapezes nimmt die gesamte Intervalllänge ein.
- Die dazu parallele Seite c wird durch das Stück der Geraden $y = 1$ festgelegt, das durch den Graphen der Funktion f eingeschlossen wird.
- Ermitteln Sie den Flächeninhalt der Trapezfläche.
- Nutzen Sie die Gleichung $A = \frac{a+c}{2} \cdot h$.
- Die Trapezhöhe ist $h = 1$ und entspricht dem Abstand der Geraden $y = 1$ zur x-Achse.

Tipps zu Aufgabe 2

a)

- Messen Sie die Größe eines Zeichenblattes.
- Verkleinern Sie die größte Originalseite des Dreiecks ($c = 18{,}6$ m) so lange durch die Division von Vielfachen von zehn, bis sie auf das Blatt passt.
- Das Verhältnis dieser Bildseite zur Originalseite bestimmt den Maßstab.

b)

- Wenden Sie auf das gegebene Dreieck den Kosinussatz an.
- Berechnen Sie durch Umstellung der Gleichung $a^2 = b^2 + c^2 - 2bc\cos\alpha$ die Größe des Winkels α.

c)

- Überlegen Sie, welcher mathematische Körper den Sachverhalt beschreibt.
- Die Grundfläche dieses Körpers ist das gegebene Dreieck.
- Ermitteln Sie den Flächeninhalt des Dreiecks mit der Gleichung $A = \frac{1}{2} \cdot b \cdot c \cdot \sin\alpha$.

d)

- Verdoppeln Sie zunächst eine Dreiecksseite. Welche Auswirkung auf den Flächeninhalt des Dreiecks stellen Sie fest?
- Hat Herr Schlau recht?

Tipps zu Aufgabe 3

a)

- Aufgrund der direkten Proportionalität der Größen kann die Höhe der Hürde für die Frauen über den Dreisatz oder mithilfe einer Verhältnisgleichung in Metern berechnet werden.

b)

- Überlegen Sie, wie viele Abstände bei 10 aufgestellten Hürden entstehen.

c)

- Überlegen Sie, welche anschauliche Bedeutung die Bedingung $f(s) = 0$ hat.
- Ermitteln Sie diejenigen Argumente s $(0 \leq s \leq 3{,}30)$, für die diese Bedingung erfüllt ist.
- Überlegen Sie, welcher mathematische Zusammenhang zwischen dem höchsten Punkt der Sprungkurve und den Eigenschaften des Funktionsgraphen besteht.
- Bestimmen Sie mithilfe des GTR die Maximumstelle des Graphen der Funktion im Intervall [0; 3,30].

d)

- Zeichnen Sie sich den Sachverhalt.
- Kennzeichnen Sie unter Nutzung des rechten Winkels zwischen Hürde und waagerechter Stütze alle Größen im Seitendreieck.
- Wenden Sie auf das rechtwinklige Dreieck eine trigonometrische Beziehung an.

e)

- Legen Sie die Zufallsvariable X fest.
- Überlegen Sie, wie viele Stufen der Zufallsversuch hat und wie die Einzelwahrscheinlichkeiten in jeder Stufe verteilt sind.

- Beachten Sie, dass die Wahrscheinlichkeiten für das Kippen einer Hürde mit 0,4 und für das Nichtkippen einer Hürde mit 0,6 für jede Stufe des Zufallsversuches unverändert bleiben.

f)

- Arbeiten Sie im STAT-Menü des GTR.
- Bestimmen Sie das arithmetische Mittel von Alex und Erik und vergleichen Sie die beiden Werte miteinander.
- Verfahren Sie ebenso mit der Standardabweichung.
- Beachten Sie, dass Ihnen die Standardabweichung hilft, über Leistungsschwankungen der beiden Sportler Aussagen zu treffen.

1. ☒ 2 500

   Erklärung der Lösung:
   Die 50 aussortierten Teile entsprechen aufgrund der Ausschussquote 2 % ($2\,\% = \frac{2}{100} = \frac{1}{50}$). Das sind $\frac{1}{50}$ aller kontrollierten Teile. Daraus ergibt sich, dass $50 \cdot 50 = 2\,500$ Teile (das sind 100 %) kontrolliert wurden.

2. ☒ $a = 3$
   $a = -3$
   $b = 2$

   Erklärung der Lösung:
   Der Term $\frac{(a+9)\cdot b}{(a^2-9)\cdot(b-2)}$ ist nicht definiert, wenn der Nennerterm $(a^2-9)\cdot(b-2)$ null wird. Ist einer der beiden Faktoren des Nennerterms null, so ist das Gesamtprodukt null. Die Untersuchung der Faktoren ergibt:

   $a^2 - 9 = 0 \quad |+9 \qquad\qquad b - 2 = 0 \quad |+2$
   $a^2 = 9 \quad |\sqrt{\ } \qquad\qquad \underline{\underline{b = 2}}$
   $|a| = 3$
   $\underline{\underline{a_1 = 3}}$
   $\underline{\underline{a_2 = -3}}$

3. ☒ 64

   Erklärung der Lösung:
   Man könnte sich vorstellen, dass die Schalter für die 6 Leuchten nebeneinander auf einem Schaltbrett angeordnet sind:

Leuchtennummer	1	2	3	4	5	6
Schalterstellung						
Leuchte an (S)	●	○	○	●	●	○
Leuchte nicht an ($\overline{S}$)	○	●	●	○	○	●

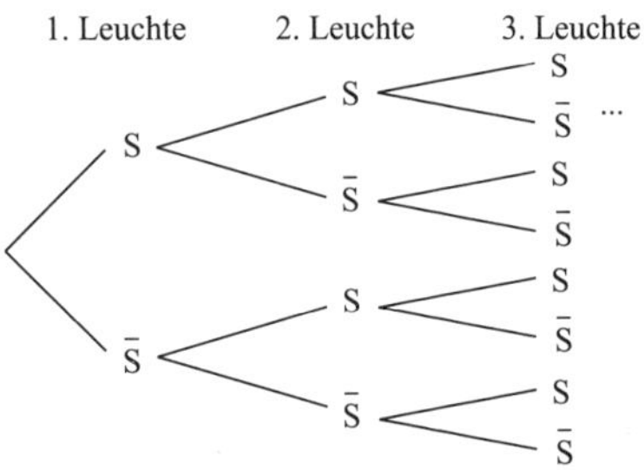

Im dargestellten Beispiel würden die Leuchten 1, 4 und 5 eingeschaltet sein und die Leuchten 2, 3 und 6 ausgeschaltet.
Für jede Leuchte gibt es zwei Möglichkeiten der Schalterstellung (S und $\overline{S}$).
Das Baumdiagramm veranschaulicht den ersten Teil des Vorganges der unter-

schiedlichen Schalterstellungen. Es ist zu erkennen, dass es für 2 Leuchten $2 \cdot 2 = 2^2 = 4$ verschiedene Schalterstellungen gibt. Für 3 Leuchten existieren $2 \cdot 2 \cdot 2 = 2^3 = 8$ verschiedene Schalterstellungen. Analog ergeben sich für 6 Leuchten $2 \cdot 2 \cdot 2 \cdot 2 \cdot 2 \cdot 2 = 2^6 = 64$ verschiedene Schalterstellungen.

4. ☒ $g(x) = \frac{1}{x}$
$(x \in \mathbb{R};\ x \neq 0)$

Erklärung der Lösung:
Die Graphen zweier Funktionen f und g besitzen genau dann Schnittpunkte, wenn es im Definitionsbereich der Funktionen übereinstimmende Argumente x gibt, die im Wertebereich dieselben Funktionswerte y $(f(x) = g(x))$ haben.
Die nachfolgenden Skizzen veranschaulichen den prinzipiellen Verlauf des Graphen der jeweiligen Funktion.

quadratische Funktion
$f(x) = (x+1)^2 + 2$
$x \in \mathbb{R}$

Wertebereich:
$y \in \mathbb{R};\ y \geq 2$

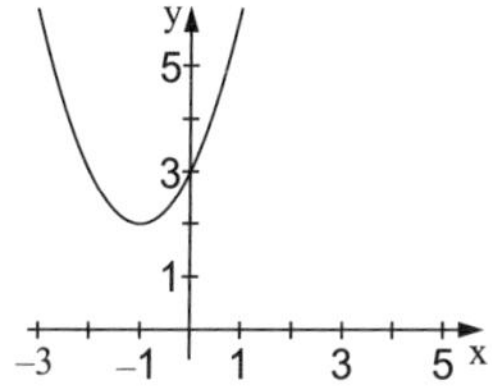

① Potenzfunktion
$g(x) = \frac{1}{x}$
$x \in \mathbb{R};\ x \neq 0$

Wertebereich:
$y \in \mathbb{R};\ y \neq 0$

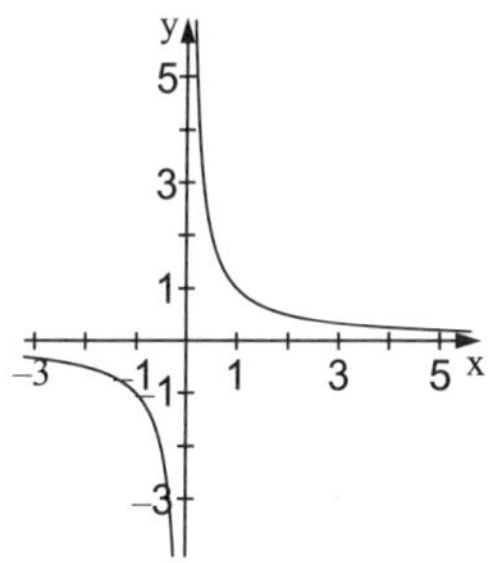

② Wurzelfunktion
$g(x) = \sqrt{x}$
$x \in \mathbb{R};\ x \geq 0$

Wertebereich:
$y \in \mathbb{R};\ y \geq 0$

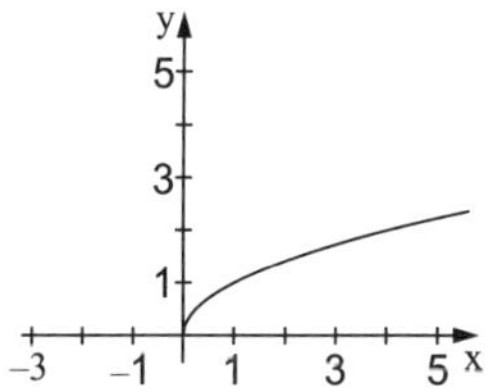

③ lineare Funktion
$g(x) = x$
$x \in \mathbb{R}$

Wertebereich:
$y \in \mathbb{R}$

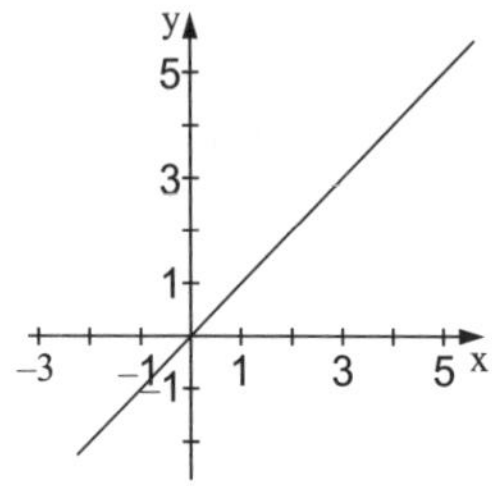

④ Logarithmusfunktion
$g(x) = \ln x$
$x \in \mathbb{R};\ x > 0$

Wertebereich:
$y \in \mathbb{R}$

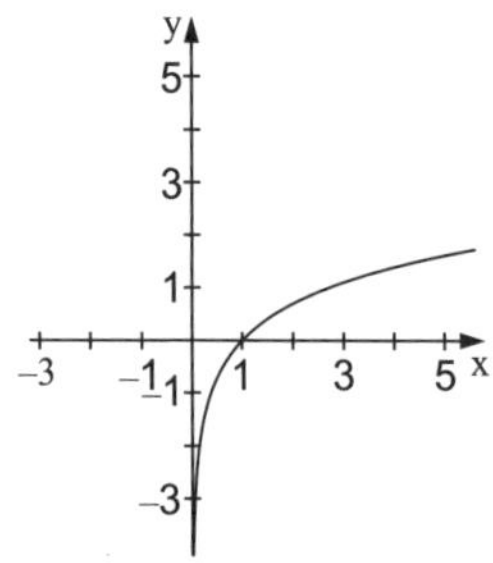

⑤ trigonometrische Funktion
$g(x) = \sin x$
$x \in \mathbb{R}$

Wertebereich:
$y \in \mathbb{R};\ -1 \le y \le 1$

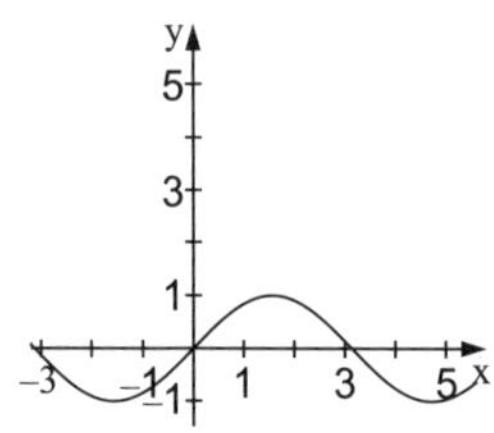

Der Verlauf der Funktionsgraphen zeigt, dass es nur für $x > 0$ Schnittpunkte geben könnte, da der Graph von f nur im I. und II. Quadranten liegt, die anderen Graphen bis auf die Sinusfunktion aber keine Punkte im II. Quadranten haben.
Die Wertebereiche der Funktionen f(x) und $g(x) = \sin x$ (⑤) haben keine gemeinsamen Elemente. Es kann deshalb keinen Schnittpunkt für die Graphen der Funktionen geben.
Die Graphen der Funktionen ②, ③ und ④ verlaufen unterhalb des Graphen der Vergleichsfunktion f.
Nur der Graph der Funktion ① ist für $x > 0$ streng monoton fallend. Sowohl die x-Achse als auch die y-Achse sind Asymptoten des Graphen der Funktion. Die Graphen der Funktionen f und g müssen sich daher für $x > 0$ schneiden.

5. ☒ $15 \cdot \sqrt{2}$ cm

Erklärung der Lösung:
Die Diagonale d zerlegt das Quadrat mit der Seitenlänge $a = 15$ cm in zwei rechtwinklige Dreiecke. Die Hypotenuse des rechtwinkligen Dreiecks ist die Diagonale. Ihre Länge kann mithilfe des Satzes von Pythagoras berechnet werden:

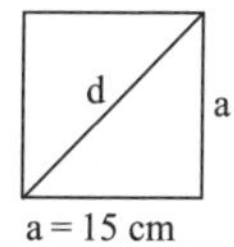

$d^2 = a^2 + a^2$

$d^2 = 2a^2 \qquad |\sqrt{\;}\ (a > 0, d > 0)$

$d = \sqrt{2} \cdot a \qquad |\ a = 15 \text{ cm einsetzen}$

$d = \sqrt{2} \cdot 15 \text{ cm}$

6. ☒ 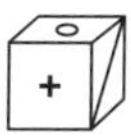

Erklärung der Lösung:
Aus dem dargestellten Körpernetz ist ersichtlich, dass die beiden Flächen ⊡ und ⊞ parallel zueinander liegen müssen. Diese Bedingung ist in der dritten Darstellung nicht erfüllt.

7. Mithilfe eines linearen Gleichungssystems kann die Lösung rechnerisch gefunden werden. Es wird folgende Symbolik festgelegt:
a … Preis des Spielzeugautos (ohne Batterie) in €
b … Preis der Batterie in €

Die Textinformationen werden mithilfe der Variablen a und b als Gleichungen geschrieben:

- Ein Spielzeugauto kostet mit Batterie 11,00 €. (I) $11 = a + b$
- Das Spielzeugauto ist um 10,00 € teurer als die darin enthaltene Batterie. (II) $a = b + 10$

Folgende Definitionsbereiche sind schlussfolgernd aus der Gleichung I sinnvoll: $a, b \in \mathbb{R};\ 0 < a < 11;\ 0 < b < 11$

Das lineare Gleichungssystem

(I) $11 = a + b$
(II) $a = b + 10$

kann zum Beispiel mithilfe des Einsetzungsverfahrens gelöst werden. Die Gleichung (II) wird in die Gleichung (I) eingesetzt und die entstehende Gleichung nach b aufgelöst.

$11 = b + 10 + b$

$11 = 2b + 10 \qquad |-10$

$1 = 2b \qquad |:2$

$\underline{\underline{0{,}5 = b}}$

Wird das Ergebnis von b in die Gleichung (II) eingesetzt, erhält man die Lösung für a: $\underline{\underline{a}} = 0{,}5 + 10 = \underline{\underline{10{,}5}}$

Ergebnis: Die Batterie kostet 0,50 € und das Spielzeugauto 10,50 €.

8. a) In der nebenstehenden Abbildung sind die gegebenen Beziehungen veranschaulicht. Für jede beliebige Pyramide gilt die Berechnungsformel:

$V = \frac{1}{3} \cdot A_G \cdot h$

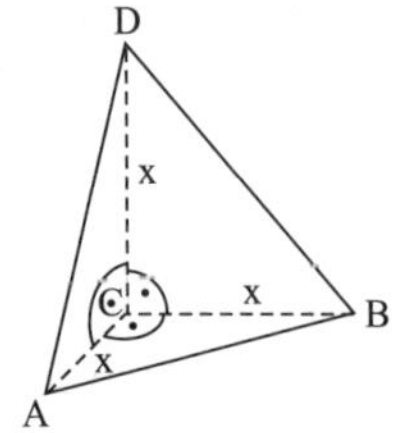

Skizze (nicht maßstäblich)

Die Grundfläche der hier dargestellten dreiseitigen, geraden Pyramide ist ein rechtwinkliges, gleichschenkliges Dreieck, hier mit ABC bezeichnet. Die Katheten, die den rechten Winkel einschließen, haben die Länge x. Der Flächeninhalt des Dreiecks und damit der Grundfläche der Pyramide ist:

$A_G = \frac{1}{2} \cdot x \cdot x$

Die Höhe der Pyramide ist identisch mit der Seitenkante $\overline{CD}$ und hat die Länge x. Damit ergibt sich für das Pyramidenvolumen:

$$V = \frac{1}{3} \cdot \frac{1}{2} \cdot x \cdot x \cdot x$$

$$\underline{\underline{V = \frac{1}{6} \cdot x^3}}$$

b) Bei vorgegebenem Pyramidenvolumen kann durch Umstellen der Gleichung der Wert für x bestimmt werden.

$$V = \frac{1}{6} \cdot x^3 \qquad \Big| \text{ einsetzen von } V = \frac{9}{2}$$

$$\frac{9}{2} = \frac{1}{6} \cdot x^3 \qquad | \cdot 6$$

$$\frac{{}^{3}\cancel{6} \cdot 9}{\cancel{2}_1} = x^3$$

$$27 = x^3$$

$$3 \cdot 3 \cdot 3 = x \cdot x \cdot x$$

$$\underline{\underline{3 = x}}$$

9. a) Die Gerade h verläuft parallel zur Geraden g.
h: $y = 4x$

b) Die Gerade i verläuft durch den Koordinatenursprung und ist senkrecht zur Geraden g.
i: $y = -\frac{1}{4}x$

c) Die Gerade j schneidet die Gerade g im Punkt S(2 | 1).
j: $y = 2x - 3$

d) Die Gerade k entsteht durch Spiegelung der Geraden g an der y-Achse.
k: $y = -4x - 7$

Erklärung der Lösung:
Die Gleichung g ist als $y = m \cdot x + n$ vorgegeben.

Veranschaulichung im Koordinatensystem:

a) Verlaufen zwei Geraden parallel zueinander, haben sie denselben Anstieg m. Da die Gerade g den Anstieg $m_g = 4$ hat, folgt für die Gerade h ebenso $m_h = 4$.
Der Achsenabschnitt n kann beliebig gewählt werden. Für $n = -7$ wären die Geraden g und h identisch.

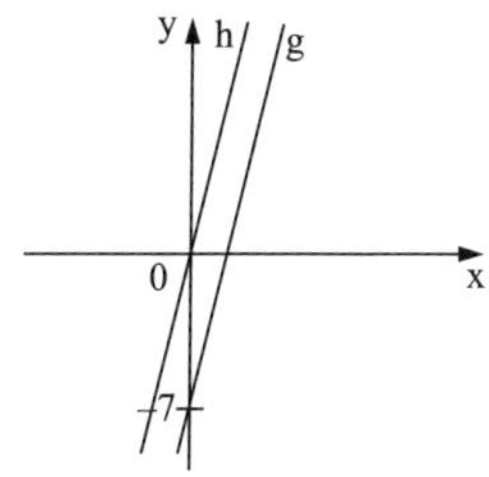

b) Soll die Gerade i ($y_i = m_i \cdot x + n_i$) senkrecht zur Geraden g ($y_g = m_g \cdot x + n_g$) verlaufen, muss für die Anstiege die Bedingung $m_i \cdot m_g = -1$ erfüllt sein. Daraus folgt, dass die Gerade i einen Anstieg von $m_i = -\frac{1}{m_g} = -\frac{1}{4}$ haben muss.
Zusätzlich soll die Gerade i durch den Koordinatenursprung verlaufen, das bedeutet, dass der Achsenabschnitt $n_i = 0$ sein muss.

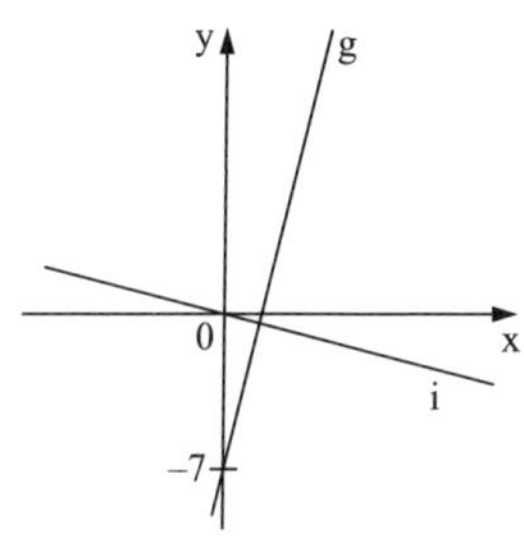

c) Die Geraden j und g schneiden einander im Punkt S(2 | 1). Für beide Gleichungen muss gelten, dass sie durch die Koordinaten des Punktes S erfüllt werden:
$y = m \cdot x + n$
$1 = m \cdot 2 + n$
Somit schneiden alle Geraden j, bei denen der Anstieg m_j und der Achsenabschnitt n_j die Bedingung $n_j = 1 - 2 \cdot m_j$ erfüllen, die Gerade g im Punkt S.

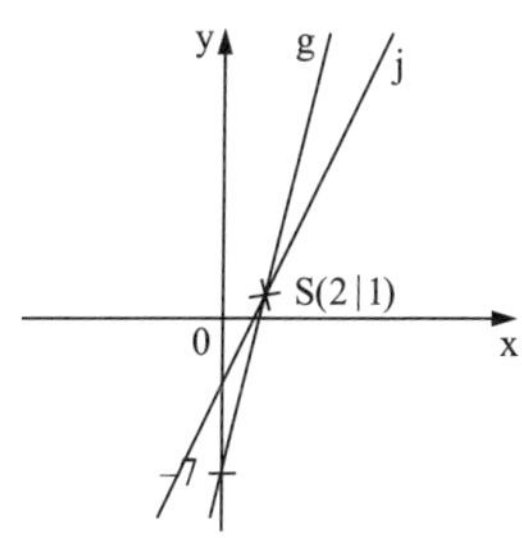

d) Wird die Gerade g an der y-Achse gespiegelt, schneidet die entstehende Gerade k die y-Achse im selben Punkt wie die Gerade g. Damit gilt für den Achsenabschnitt $n_k = n_g = -7$. Der Betrag des Anstieges der Geraden bleibt nach der Spiegelung erhalten. Die nach der Spiegelung entstandene Gerade k ist monoton fallend und es ergibt sich für $m_k = -4$.

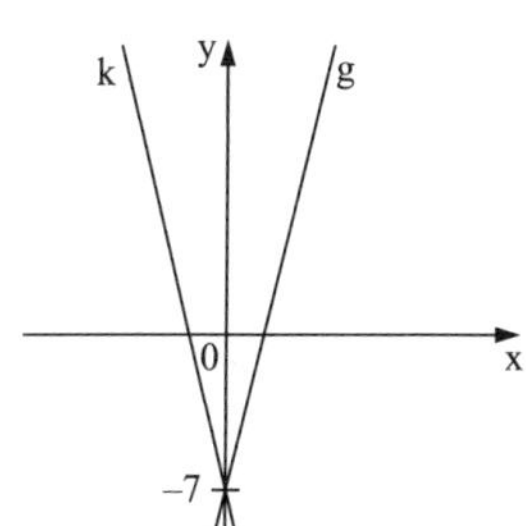

1. a)

	$y=f(x)=\sqrt{2}\cdot\sin x\ (x\in\mathbb{R})$	$y=g(x)=-\sqrt{2}\cdot\sin\left(\frac{1}{3}\cdot x\right)(x\in\mathbb{R})$
Wertebereich	$y\in\mathbb{R}; -\sqrt{2}\le y\le\sqrt{2}$	$y\in\mathbb{R}; -\sqrt{2}\le y\le\sqrt{2}$
kleinste Periode	2π	6π

Der Vergleich der Wertebereiche ergibt, dass sie übereinstimmen.

Erklärung der Lösung:
Die Funktionsgleichungen liegen in der Form $y=f(x)=a\cdot\sin(b\cdot x)\ (x\in\mathbb{R})$ vor. Die Größe des Parameters a beeinflusst den Wertebereich der Funktion. Für die beiden vorliegenden Funktionen hat a denselben Betrag. Deshalb sind die Wertebereiche identisch.
Der Parameter b bestimmt die kleinste Periode. Ist $b=1$, beträgt die kleinste Periode 2π. Dies ist für die Funktion $y=f(x)=\sqrt{2}\cdot\sin x$ der Fall.
Für $b\neq 1$ berechnet man die kleinste Periode mithilfe des Quotienten $2\pi:b$.
Mit $b=\frac{1}{3}$ erhält man als kleinste Periode für die gegebene Funktion
$y=g(x)=-\sqrt{2}\cdot\sin\left(\frac{1}{3}\cdot x\right)$: $2\pi:\frac{1}{3}=2\pi\cdot\frac{3}{1}=6\pi$

b) $\underline{\underline{x_1=\frac{\pi}{4}\approx 0{,}79}}$ $\qquad$ $\underline{\underline{x_2=\frac{3}{4}\pi\approx 2{,}36}}$

$\underline{\underline{x_3=\frac{9}{4}\pi\approx 7{,}07}}$ $\qquad$ $\underline{\underline{x_4=\frac{11}{4}\pi\approx 8{,}64}}$

Erklärung der Lösung:
Nach dem Einsetzen der Bedingung $f(x)=1$ in die Funktionsgleichung kann man die Argumente ermitteln.

- Exakt durch Rechnung

$$1=\sqrt{2}\cdot\sin x \qquad |:\sqrt{2}\text{ und Seitentausch}$$

$$\sin x=\frac{1}{\sqrt{2}}=\frac{1}{2}\sqrt{2}$$

$$x_1=\frac{\pi}{4}$$

Aufgrund der periodischen Eigenschaft der Funktion erhält man weitere Lösungen im Intervall $0\le x\le 3\pi$.

$$x_2=\pi-\frac{\pi}{4}=\frac{3}{4}\pi$$

$$x_3=2\pi+\frac{\pi}{4}=\frac{9}{4}\pi$$

$$x_4=3\pi-\frac{\pi}{4}=\frac{11}{4}\pi$$

Alle Lösungen sind in der Abbildung veranschaulicht.

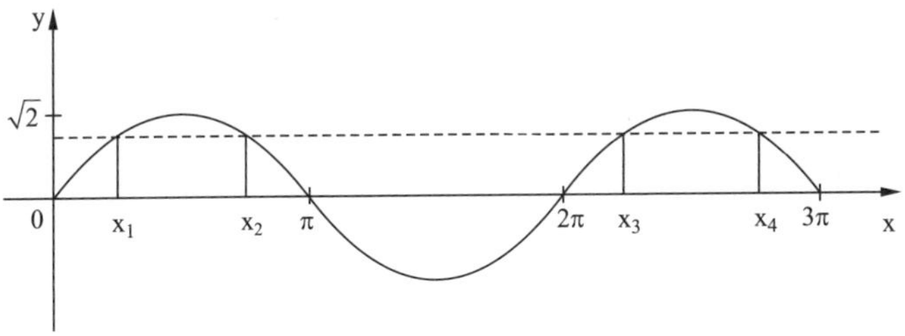

- oder näherungsweise mithilfe des GTR
  Es kann beispielsweise wie folgt vorgegangen werden:
  In das GRAPH-Menü des GTR gibt man die Funktionsgleichungen
  1: $y = f(x) = \sqrt{2} \cdot \sin x$ und
  2: $y = f(x) = 1$
  ein. Anschließend ermittelt man die Schnittstellen der Graphen dieser Funktionen.

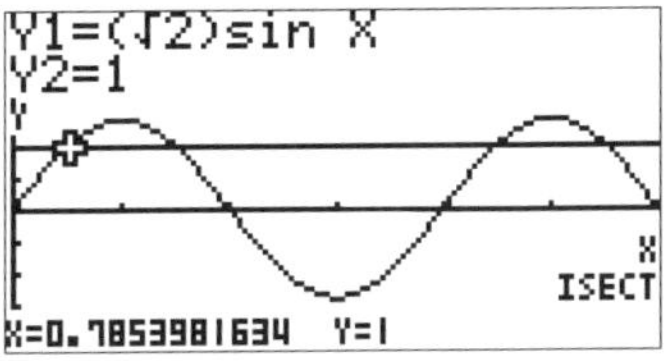

c) Die Fläche, die der Graph der Funktion f, die Gerade mit der Gleichung $y = 1$ und die x-Achse einschließen, ist in der Abbildung dargestellt.
Die Größe dieser Fläche kann man näherungsweise bestimmen, indem man die Fläche eines einbeschriebenen Trapezes (siehe Zeichnung) berechnet. Die Eckpunkte A, B, C und D des Trapezes liegen auf dem Graphen der Funktion f.

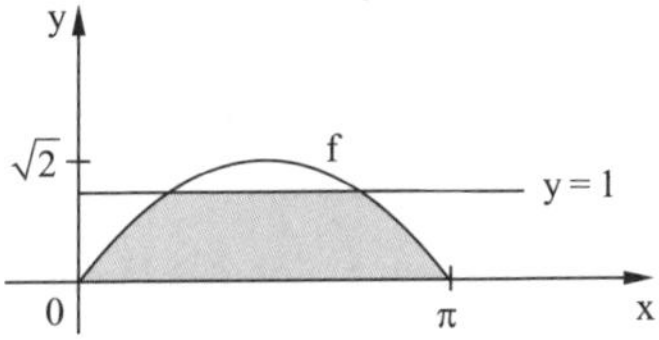

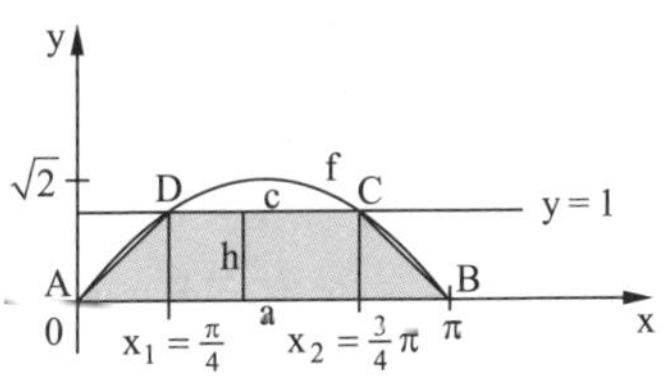

Für sie gilt:

$A(0|0),\ B(\pi|0),\ C\left(\frac{3}{4}\pi \middle| 1\right),\ D\left(\frac{\pi}{4} \middle| 1\right)$

Für jedes beliebige Trapez ABCD mit den zueinander parallelen Seiten a und c und der Höhe h gilt:

$$A = \frac{a+c}{2} \cdot h$$

Die Längen der beiden parallelen Seiten betragen
für a: π
für c: $\frac{3}{4}\pi - \frac{\pi}{4} = \frac{1}{2}\pi$ (siehe Teilaufgabe 1 b)

Die Höhe des einbeschriebenen Trapezes ist $h = 1$ $(y = 1)$.

$$A = \frac{\pi + \frac{1}{2}\pi}{2} \cdot 1$$

$$A = \frac{\frac{3}{2}\pi}{2} \cdot 1$$

$$\underline{\underline{A = \frac{3}{4}\pi}}$$

Ergebnis: Die Fläche, die eingeschlossen wird, ist annähernd 2,4 FE groß.

Hinweis: Da die gesuchte Fläche etwas größer als die berechnete Trapezfläche ist, sollte man das Ergebnis $\frac{3}{4}\pi \approx 2,4$ aufrunden.

2. a) Maßstab: 1:100

Skizze:

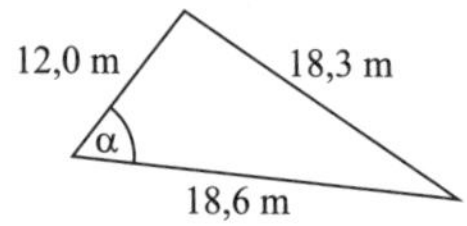

Erklärung der Lösung:
Ein Zeichenblatt im A4-Format ist 21,0 cm breit und 29,7 cm hoch. Wenn die Festlegung getroffen wird: 1 cm auf dem Blatt (Bild) entspricht 100 cm = 1 m in der Wirklichkeit (Original), so passt das Dreieck vollständig auf das A4-Blatt. Das Verhältnis Bild zu Original (1 cm : 100 cm) gibt den verwendeten Maßstab an.

b) Für ein beliebiges Dreieck ABC gilt der Kosinussatz, mit dessen Hilfe die Größe des Winkels α berechnet werden kann.

Skizze:

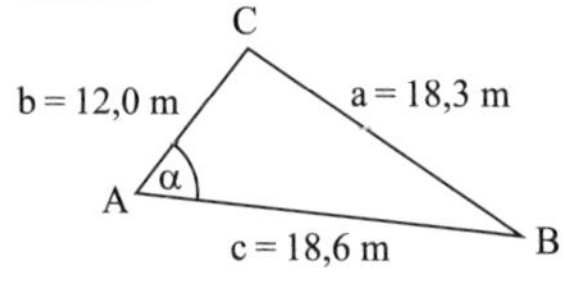

$$a^2 = b^2 + c^2 - 2 \cdot b \cdot c \cdot \cos\alpha \quad | + 2bc\cos\alpha$$

$$a^2 + 2bc\cos\alpha = b^2 + c^2 \quad | - a^2$$

$$2bc\cos\alpha = b^2 + c^2 - a^2 \quad | : 2bc$$

$$\cos\alpha = \frac{b^2 + c^2 - a^2}{2bc} \quad | \text{einsetzen von } a = 18{,}3\text{ m}, b = 12{,}0\text{ m}, c = 18{,}6\text{ m}$$

$$\cos\alpha = \frac{(12{,}0\text{ m})^2 + (18{,}6\text{ m})^2 - (18{,}3\text{ m})^2}{2 \cdot 12{,}0\text{ m} \cdot 18{,}6\text{ m}}$$

$$\cos\alpha \approx 0{,}3474$$

$$\underline{\underline{\alpha \approx 69{,}7^\circ}}$$

c) Durch das Aufbringen der Schicht Humuserde entsteht als Körper ein dreiseitiges gerades Prisma mit dem oben skizzierten Dreieck als Grundfläche und einer Körperhöhe h von 10 cm = 0,1 m. Das Volumen des Prismas berechnet man mithilfe der Formel:

$V = A_G \cdot h$ (A_G … Grundfläche des Prisma, h … Körperhöhe)

Für die Berechnung der Grundfläche benutzt man die Formel $A = \frac{1}{2} b \cdot c \cdot \sin\alpha$, da die Seitenlängen b = 12,0 m und c = 18,6 m des Dreiecks gegeben sind und der von den Dreiecksseiten eingeschlossene Winkel $\alpha \approx 69{,}7°$ berechnet wurde.

$$V = \frac{1}{2} b \cdot c \cdot \sin\alpha \cdot h$$

$$V \approx \frac{1}{2} \cdot 12{,}0\ \text{m} \cdot 18{,}6\ \text{m} \cdot \sin 69{,}7° \cdot 0{,}1\ \text{m}$$

$$\underline{\underline{V \approx 10{,}5\ \text{m}^3}}$$

Ergebnis: Es werden rund 10,5 m^3 Erde benötigt.

d) Bei doppelt so viel Erde könnte Herr Schlau eine doppelt so große Fläche mit einer 10 cm hohen Schicht Humuserde bedecken. Eine Verdopplung der Fläche wird allerdings schon erreicht, wenn nur eine Seitenlänge des Dreiecks verdoppelt wird.

ursprüngliche Fläche: $A = \frac{1}{2} \cdot b \cdot c \cdot \sin\alpha$

doppelt so große Fläche: $\mathbf{2} \cdot A = \frac{1}{2} \cdot \mathbf{2}b \cdot c \cdot \sin\alpha$

Die Aussage von Herrn Schlau ist also falsch.

3. a) Aufgrund der direkten Proportionalität der Größen kann die Höhe der Hürde für die Frauen über den Dreisatz oder mithilfe einer Verhältnisgleichung in Metern berechnet werden.

Dreisatz:

	Angabe in Zoll	Angabe in Meter	
: 42	42	1,0668	: 42
· 33	1	$\frac{1{,}0668}{42}$	· 33
	33	$\frac{1{,}0668 \cdot 33}{42}$	

Verhältnisgleichung:

$$\frac{x}{1{,}0668} = \frac{33}{42} \quad | \cdot 1{,}0668$$

$$x = \frac{33 \cdot 1{,}0668}{42}$$

$$x = 0{,}8382$$

Ergebnis: Die Höhe der Hürde für Frauen beträgt 0,8382 m.

b) 13,72 m nach dem Start steht die erste Hürde. Alle weiteren 9 Hürden wurden im Abstand von 9,14 m aufgestellt. Es sind 9 Abstände zu berücksichtigen.

$$110\ \text{m} - 13{,}72\ \text{m} - 9 \cdot 9{,}14\ \text{m} = \underline{\underline{14{,}02\ \text{m}}}$$

Ergebnis: Die letzte Hürde steht 14,02 m vor dem Ziel.

c) Die obere Grenze des Definitionsbereiches von f entspricht der Sprungweite s_W. Die Bedingung $f(s) = 0$ wird durch zwei Argumente erfüllt:

$$f(s) = \sqrt{(3{,}30 - s) \cdot 0{,}25 \cdot s^2} = 0$$

$s_1 = 0$, denn $f(0) = \sqrt{(3{,}30 - 0) \cdot 0{,}25 \cdot 0} = \sqrt{0} = 0$

(s_1 ist die Absprungstelle)

$s_2 = 3{,}30$, denn $f(3{,}30) = \sqrt{(3{,}30 - 3{,}30) \cdot 0{,}25 \cdot 3{,}30^2} = \sqrt{0} = 0$

(s_2 ist die Sprungweite)

Bei optimalem Sprung ist der höchste Punkt der Sprungkurve genau über der Hürde. Mithilfe der Maximumstelle der gegebenen Funktion kann die Entfernung der Absprungstelle bestimmt werden.
In der im GRAPH-Menü des GTR eingegebenen Funktionsgleichung entspricht der Variablen x die Sprungweite s.

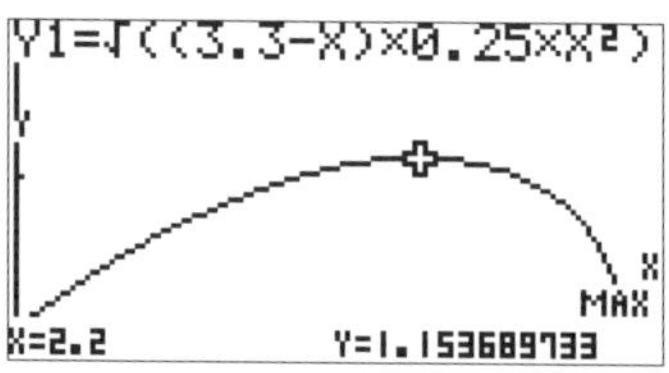

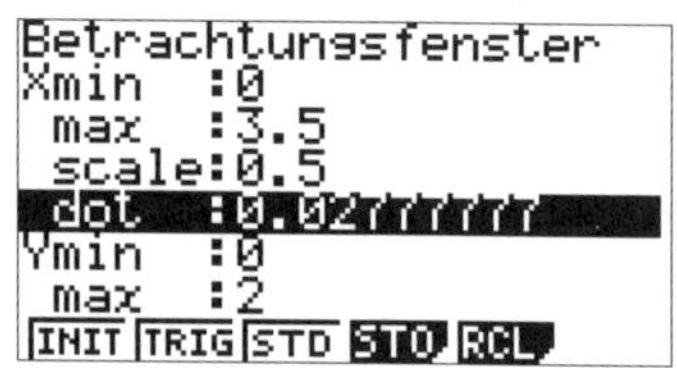

Hinweis: Die Angabe „dot" bei den neueren grafikfähigen Taschenrechnern bedeutet: einem Pixel-Punkt der x-Achse entsprechender Wert. „dot" wird mit neuer Eingabe von x_{min} und x_{max} entsprechend angepasst (Pixelanzahl ist fest).

Ergebnis: Die Absprungstelle ist 2,20 m vor der Hürde. Die Sprungweite beträgt 3,30 m.

d) Der Sachverhalt ist mit allen bekannten Größen als Seitenansicht in der Skizze dargestellt.
Für das rechtwinklige Dreieck gilt die trigonometrische Beziehung:

$$\tan \alpha = \frac{\text{Gegenkathete}}{\text{Ankathete}}$$

Skizze:

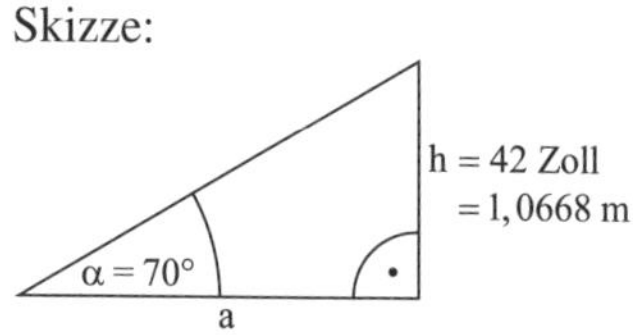

Durch Umstellen der Gleichung lässt sich die Länge der waagerechten Stütze, die mit a bezeichnet ist, berechnen.

$$\tan\alpha = \frac{h}{a} \qquad |\cdot a$$

$$a \cdot \tan\alpha = h \qquad |:\tan\alpha$$

$$a = \frac{h}{\tan\alpha}$$

$$a = \frac{42\text{ Zoll}}{\tan 70°} \qquad a = \frac{1{,}0668\text{ m}}{\tan 70°}$$

$$\underline{\underline{a \approx 15{,}29\text{ Zoll}}} \qquad \underline{\underline{a \approx 0{,}388\text{ m}}}$$

Ergebnis: Die waagerechte Stütze ist etwa 15 Zoll lang, das sind etwa 39 cm.

e) Die Zufallsgröße X beschreibe die Anzahl der umgekippten Hürden. Es liegt ein zehnstufiger Zufallsversuch vor (zehn Hürden auf 110 m). Jede Hürde kann mit einer Wahrscheinlichkeit von $p = 0{,}4$ umfallen. Diese Wahrscheinlichkeit p bleibt in jeder Stufe des Zufallsversuches unverändert. Veranschaulicht seien die ersten drei Stufen des Zufallsversuches im Baumdiagramm:

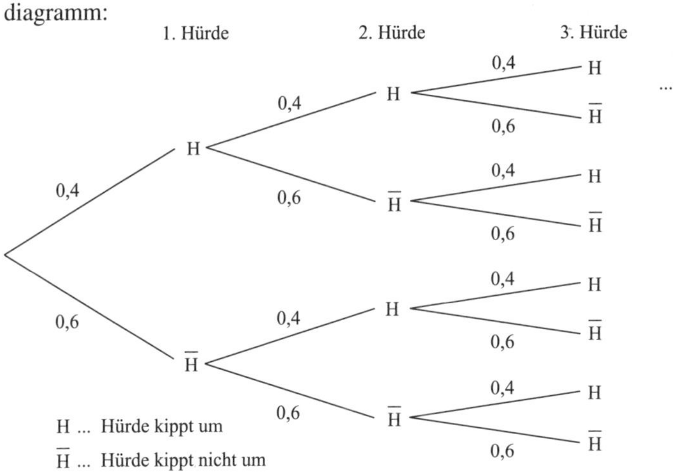

Gesucht ist die Wahrscheinlichkeit, dass mindestens eine Hürde kippt.

$P(X \geq 1) = P(X = 1) + P(X = 2) + \ldots + P(X = 10)$

Hier ist die Berechnung über das Gegenereignis effektiv.

$$\begin{aligned} P(X \geq 1) &= 1 - P(X < 1) \\ &= 1 - P(X = 0) \\ &= 1 - 0{,}4^0 \cdot 0{,}6^{10} \\ &\approx \underline{\underline{0{,}994}} \end{aligned}$$

Ergebnis: Die Wahrscheinlichkeit dafür, dass bei einem Lauf auf einer 110-m-Bahn mindestens eine Hürde kippt, liegt bei etwa 99,4 %.

f)

	Alex	Erik
arithmetisches Mittel $\overline{t}$ in s	13,80	13,80
Standardabweichung σ in s	0,23	0,16

Hinweis: Mithilfe des STAT-Menüs des GTR lassen sich die Werte ermitteln.

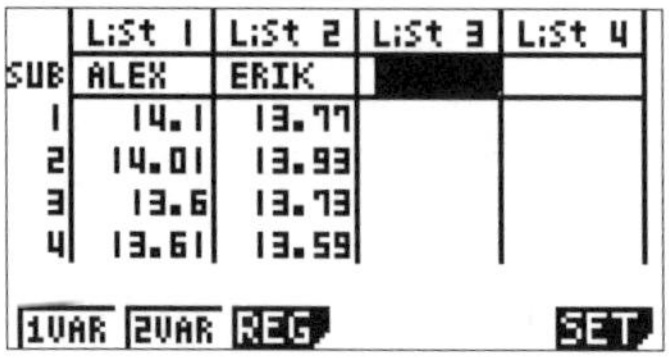

Alex

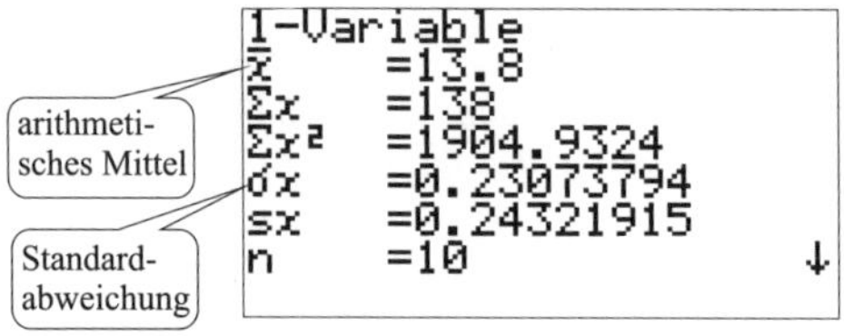

Erik

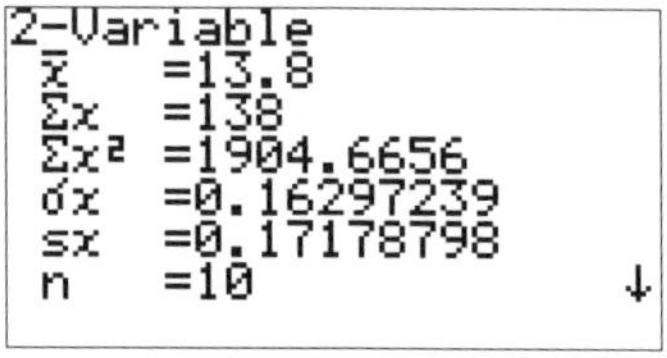

Das arithmetische Mittel stimmt bei Alex und Erik überein. Sie sind im Durchschnitt gleich gut.

Die größere Standardabweichung von Alex deutet auf stärkere Leistungsschwankungen hin.

Aufgrund seiner ausgeglicheneren Leistungen sollte Erik delegiert werden.

Besondere Leistungsfeststellung Mathematik Sachsen
2011

Teil A

(ohne Nutzung von Tabellen- und Formelsammlung sowie Taschenrechner)

In den Aufgaben 1 bis 6 ist von den jeweils fünf Auswahlmöglichkeiten genau eine Antwort richtig. Kreuzen Sie das jeweilige Feld an.

1 90 % von 200 m^3 sind (1 BE)

☐ $18\ m^3$ ☐ $20\ m^3$ ☐ $45\ m^3$ ☐ $90\ m^3$ ☐ $180\ m^3$

2 Welcher der angegebenen Terme hat für $x = -1$ den Wert null? (1 BE)

☐ $x - 1$ ☐ $\frac{x^2 - 1}{x + 2}$ ☐ $\frac{x + 2}{x^2 - 1}$ ☐ $x \cdot (x - 1)$ ☐ $\frac{1}{(x-1)^2}$

3 Gegeben ist die Funktion f durch $y = f(x) = 2 \cdot \sin x \ (x \in \mathbb{R})$.
Welche der angegebenen Eigenschaften besitzt die Funktion f? (1 BE)

☐ f besitzt keine Nullstelle.

☐ f ist im Intervall $-\frac{\pi}{2} \le x \le \frac{\pi}{2}$ monoton fallend.

☐ Der Wertebereich von f ist $W = \{y \mid y \in \mathbb{R}, -1 \le y \le 1\}$.

☐ f besitzt bei $x_E = \frac{\pi}{2}$ ein lokales Maximum.

☐ Der Graph von f ist symmetrisch zur y-Achse.

4 Im abgebildeten Dreieck MKF gilt: (1 BE)

☐ $\overline{MF} + \overline{MK} = \overline{KF}$

☐ $\overline{MK}^2 - \overline{MF}^2 = \overline{KF}^2$

☐ $\overline{MF}^2 + \overline{MK}^2 = \overline{KF}^2$

☐ $\overline{KF}^2 + \overline{MK}^2 = \overline{MF}^2$

☐ $\overline{MK}^2 - \overline{KF}^2 = \overline{MF}^2$

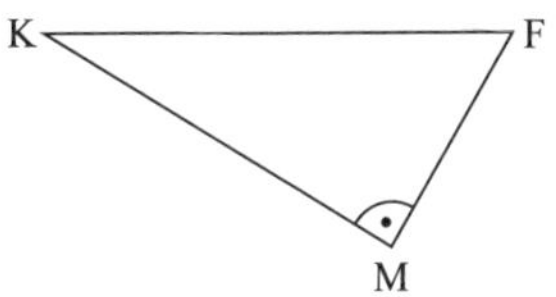

5 Welche der Abbildungen stellt kein Parallelogramm dar? (1 BE)

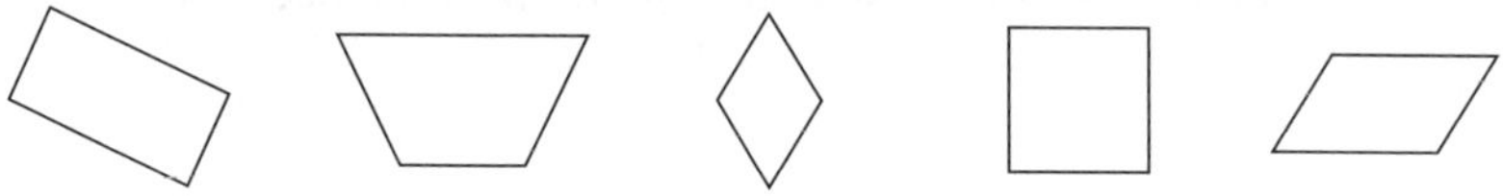

☐ ☐ ☐ ☐ ☐

6 Michael möchte eine vierstellige Geheimzahl für sein Zahlenschloss bilden. Dabei soll jede der Ziffern 3; 5; 6 und 8 genau einmal vorkommen. Wie viele verschiedene Geheimzahlen kann Michael unter diesen Bedingungen bilden? (1 BE)

☐	☐	☐	☐	☐
16	22	24	120	720

7 Das abgebildete Prisma hat die Höhe $h = 2{,}0$ m und besitzt das Volumen $V = 7{,}0\ m^3$.
Berechnen Sie den Flächeninhalt der fünfeckigen Grundfläche.

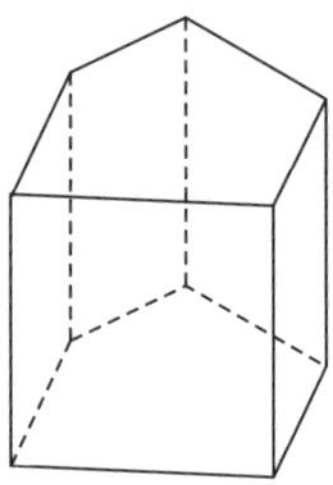

Abbildung (nicht maßstäblich) (2 BE)

8 Gegeben ist die Funktion f durch

$f(x) = \frac{1}{x} \quad (x \in \mathbb{R}, x \neq 0).$

In der Abbildung ist ein Teil des Graphen der Funktion f dargestellt.

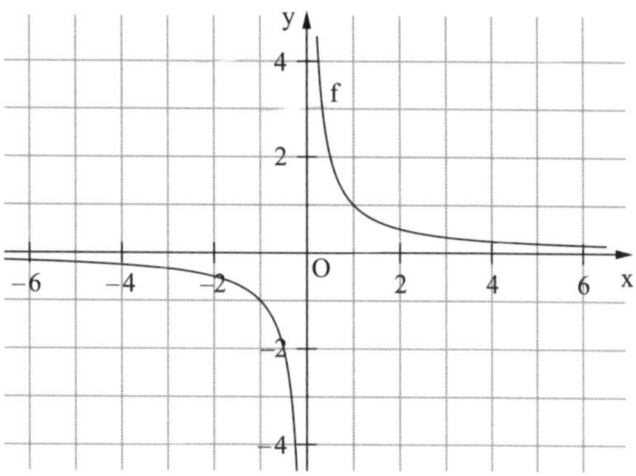

8.1 Die Funktion g ist mit der Funktionsgleichung $g(x) = \frac{1}{x-2}$ in ihrem größtmöglichen Definitionsbereich gegeben.
Skizzieren Sie in das vorgegebene Koordinatensystem den Graphen der Funktion g. (2 BE)

8.2 Geben Sie die Gleichung einer linearen Funktion h an, sodass die Graphen von f und h keinen gemeinsamen Punkt besitzen. (2 BE)

9 Für die Seitenlängen der abgebildeten Dreiecke ABE und ACD gilt:

$\overline{AB} = 4\text{ m};\ \overline{BE} = 2\text{ m};\ \overline{AC} = 6\text{ m}$

Die Seiten $\overline{BE}$ und $\overline{CD}$ der Dreiecke sind parallel zueinander.

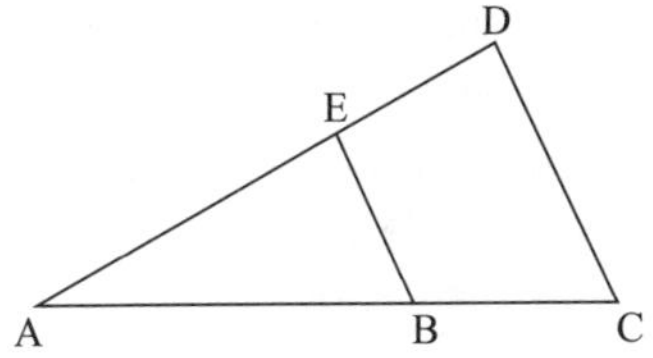

Abbildung (nicht maßstäblich)

9.1 Begründen Sie, dass die Dreiecke ABE und ACD zueinander ähnlich sind. (2 BE)

9.2 Berechnen Sie die Länge der Seite $\overline{CD}$ des Dreiecks ACD. (2 BE)

Ansatz: ______________________________

Ergebnis: ________

Teil B

1 Gegeben ist die Funktion f durch $y = f(x) = 0{,}25 \cdot 2^x \ (x \in \mathbb{R})$.

1.1 Geben Sie für die Funktion f das Monotonieverhalten und den Wertebereich an. Geben Sie für den Graphen der Funktion f die Asymptote und den Schnittpunkt mit der y-Achse an. (4 BE)

1.2 Die Punkte $P_1(12 \mid y_1)$ und $P_2(x_2 \mid 32)$ liegen auf dem Graphen der Funktion f. Ermitteln Sie die Koordinaten y_1 und x_2. (4 BE)

1.3 Der Graph der Funktion g mit $y = g(x) = k \cdot 2^x \ (x \in \mathbb{R})$ verläuft durch den Punkt $P\left(-3 \,\middle|\, \frac{1}{2}\right)$.

Bestimmen Sie den Wert für k. (2 BE)

2 Der fünfeckige Giebel einer Gartenlaube hat die in der Abbildung angegebenen Maße.

2.1 Der Neigungswinkel α muss mindestens eine Größe von 20° besitzen.
Überprüfen Sie, ob diese Bedingung erfüllt ist. (3 BE)

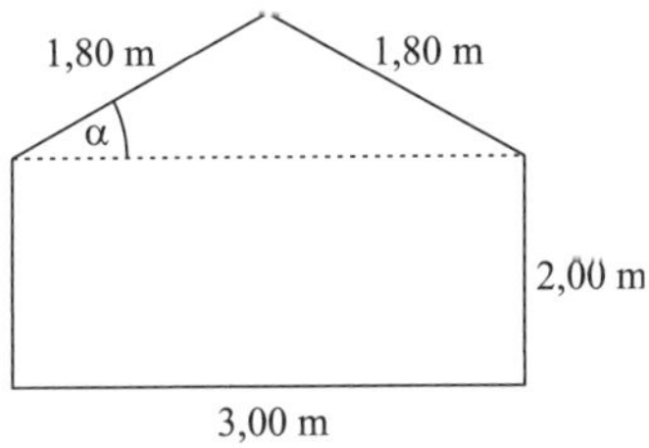

Abbildung (nicht maßstäblich)

2.2 Der Giebel soll mit einem Anstrich versehen werden.
Berechnen Sie den Flächeninhalt der Giebelfläche. (3 BE)

3 Im Rahmen ihrer Abschlussfahrt möchte die Klasse 10 eine Kanutour unternehmen.

3.1 Sebastian ermittelt die Kosten für die Ausleihe von Booten der Typen A, B bzw. C, die sich jeweils aus der Grundgebühr und der Ausleihgebühr pro Stunde zusammensetzen.

Kosten pro Boot \ Bootstyp	A	B	C
Grundgebühr in €	3,00	5,00	7,50
Ausleihgebühr in € pro Stunde	5,25	5,00	5,50

3.1.1 Begründen Sie, dass die Kosten für die Ausleihe eines Bootes vom Typ A für 4 Stunden 24,00 € betragen. (2 BE)

3.1.2 Für eine bestimmte Ausleihdauer stimmen die Kosten für die Ausleihe eines Bootes vom Typ A mit denen für die Ausleihe eines Bootes vom Typ B überein.
Ermitteln Sie diese Ausleihdauer. (2 BE)

3.1.3 Die Klasse 10 mit insgesamt 24 Personen unternimmt eine vierstündige Kanutour mit Booten der Typen B und C.
Bei Typ B handelt es sich um Boote für zwei Personen und bei Typ C um Boote für drei Personen. Alle 24 Plätze in den Booten sind belegt.
Die Kosten für die Ausleihe eines Bootes vom Typ B betragen 25,00 €, für ein Boot vom Typ C müssen 29,50 € bezahlt werden. Insgesamt ist der Betrag 252,00 € zu entrichten.
Bestimmen Sie, wie viele Boote vom Typ B und wie viele vom Typ C ausgeliehen wurden. (3 BE)

3.2 Bei der Kanutour müssen Schwimmwesten getragen werden. In einer Kiste sind noch genau 5 rote, 3 grüne und 2 blaue Schwimmwesten vorhanden. Lisa holt zwei Schwimmwesten ab, die dieser Kiste zufällig entnommen werden.
Ermitteln Sie die Wahrscheinlichkeiten folgender Ereignisse:
Ereignis A: Lisa erhält zwei gleichfarbige Westen.
Ereignis B: Lisa erhält mindestens eine blaue Weste. (4 BE)

3.3 Die Kanutour beginnt im Ort A, führt über Ort B und Ort C und endet wieder in Ort A.
In Ort C haben die Schüler bereits einen Weg von 10,8 km zurückgelegt (siehe Abbildung).
Durch Peilung ermitteln sie zwischen den Strecken $\overline{CA}$ und $\overline{CB}$ einen Winkel von etwa 95°.

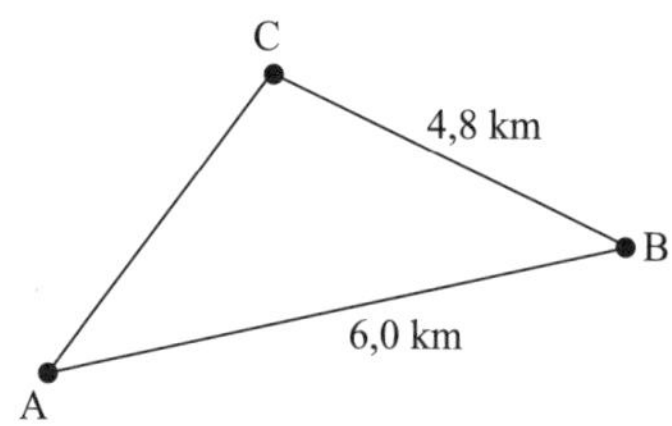

Abbildung (nicht maßstäblich)

Berechnen Sie die Länge der restlichen Wegstrecke. (3 BE)

Teilaufgabe 1.1

- Veranschaulichen Sie sich den Graphen der Funktion. Für das Monotonieverhalten betrachten Sie die Funktionswerte mit wachsendem x.
- Für den Wertebereich betrachten Sie die Funktionswerte und ermitteln ihren maximalen Bereich.
- Sie können sich den Schnittpunkt mit der y-Achse im GRAPH-Menü des GTR anzeigen lassen.
- Ermitteln Sie, welcher Geraden sich der Graph der Funktion mit kleiner werdendem x annähert.

Teilaufgabe 1.2

- Die Punkte $P_1(12 \mid y_1)$ und $P_2(x_2 \mid 32)$ liegen auf dem Graphen der Exponentialfunktion.
- Deshalb müssen die Koordinaten y_1 und x_2 die Funktionsgleichung $y = 0{,}25 \cdot 2^x$ $(x \in \mathbb{R})$ erfüllen.
- Ermitteln Sie den Wert der fehlenden Koordinate durch Einsetzen der gegebenen Koordinate des Punktes in die Funktionsgleichung.

Teilaufgabe 1.3

- Die Koordinaten $x = -3$ und $y = \frac{1}{2}$ des Punktes P müssen die Funktionsgleichung $y = k \cdot 2^x$ $(x \in \mathbb{R})$ erfüllen, da der Punkt auf dem Funktionsgraphen liegt.
- Setzen Sie die Koordinaten des Punktes P in die Funktionsgleichung ein.
- Stellen Sie die Gleichung nach k um und lösen Sie sie.

Teilaufgabe 2.1

- Zerlegen Sie das Dreieck des Giebels in zwei kongruente rechtwinklige Dreiecke.
- Fällen Sie dazu das Lot vom Eckpunkt auf die längste Dreiecksseite.
- Berechnen Sie die Größe des Winkels α mithilfe einer trigonometrischen Beziehung.
- Vergleichen Sie den vorgegebenen Winkel mit der berechneten Winkelgröße.

Teilaufgabe 2.2

- Überlegen Sie, aus welchen Teilflächen die Giebelfläche zusammengesetzt ist.
- Berechnen Sie den Flächeninhalt des Rechtecks ($a = 3{,}00$ m; $b = 2{,}00$ m).
- Berechnen Sie den Flächeninhalt des unregelmäßigen, stumpfwinkligen Dreiecks.
- Bestimmen Sie dazu zuerst die zur Grundseite $g = 3{,}00$ m zugehörige Höhe h.
- Nutzen Sie den Satz des Pythagoras.
- Berechnen Sie den Dreiecksflächeninhalt unter Nutzung der Formel $A = \frac{1}{2} g \cdot h$.
- Berechnen Sie den Flächeninhalt der Giebelfläche aus der Summe der beiden Teilflächen.

Teilaufgabe 3.1.1

- Bestimmen Sie die Kosten für die Ausleihe eines Bootes vom Typ A für 4 Stunden.
- Berechnen Sie dazu die Summe aus der Grundgebühr und den Kosten für 4 Ausleihstunden.

Teilaufgabe 3.1.2

- Ermitteln Sie einen Term, mit dem die Kosten für die Ausleihe eines Bootes vom Typ A für eine beliebige Anzahl x von Ausleihstunden berechnet werden können.
- Verfahren Sie ebenso für die Ausleihe eines Bootes vom Typ B.
- Die Ausleihkosten sollen übereinstimmen.
- Setzen Sie die Terme gleich.
- Stellen Sie die Gleichung nach der gesuchten Anzahl x um.

Teilaufgabe 3.1.3

- Stellen Sie eine Gleichung für die Gesamtkosten der angegebenen Kanutour auf.
- Bilden Sie die Summe aus den Kosten eines Bootes vom Typ B für 4 Stunden und den Kosten eines Bootes vom Typ C für 4 Stunden.
- Die Summe muss 252,00 € ergeben.
- Stellen Sie eine zweite Gleichung für die Gesamtanzahl der Sitzplätze auf.
- Bilden Sie die Summe aus der Personenanzahl in den Booten vom Typ B und der Personenanzahl in den Booten vom Typ C.
- Diese Summe ergibt die Gesamtanzahl der Sitzplätze von 24.
- Lösen Sie das lineare Gleichungssystem.

Teilaufgabe 3.2

- Zeichnen Sie zum Sachverhalt (Ziehen ohne Zurücklegen) ein Baumdiagramm.
- Ermitteln Sie alle Ergebnisse, die zum Ereignis A gehören.
- Berechnen Sie mithilfe der Pfadregeln die gesuchte Wahrscheinlichkeit.
- Gehen Sie analog für Ereignis B vor. Hier können Sie die gesuchte Wahrscheinlichkeit auch leicht über das Gegenereignis berechnen.

Teilaufgabe 3.3

- Berechnen Sie die Größe eines weiteren Innenwinkels.
- Nutzen Sie den Sinussatz.
- Ermitteln Sie die Größe des dritten Innenwinkels über die Innenwinkelsumme im Dreieck. Diese beträgt 180°.
- Berechnen Sie die Länge der restlichen Wegstrecke.
- Sie können sowohl den Kosinussatz als auch den Sinussatz verwenden.

Lösungen zu Teil A

1 ☒ 180 m^3

Erklärung der Lösung:

$$:10 \left(\begin{array}{l} 100\,\% \mathrel{\hat{=}} 200 \text{ m}^3 \\ 10\,\% \mathrel{\hat{=}} 20 \text{ m}^3 \end{array} \right) :10$$

$$\cdot 9 \left(\begin{array}{l} 10\,\% \mathrel{\hat{=}} 20 \text{ m}^3 \\ 90\,\% \mathrel{\hat{=}} 180 \text{ m}^3 \end{array} \right) \cdot 9$$

2 ☒ $\frac{x^2-1}{x+2}$

Erklärung der Lösung:
Setzt man für $x=-1$, erhält man:

$$\frac{(-1)^2-1}{-1+2}=\frac{1-1}{1}=\frac{0}{1}=0$$

3 ☒ f besitzt bei $x_E=\frac{\pi}{2}$ ein lokales Maximum.

Erklärung der Lösung:
Die Funktion $y=f(x)=2\cdot\sin(x)$ $(x\in\mathbb{R})$ unterscheidet sich von der Sinusfunktion mit der Gleichung $y=g(x)=\sin x$ $(x\in\mathbb{R})$ durch den Parameter $a=2$. Dieser bewirkt eine Streckung des Funktionsgraphen in y-Richtung. Alle anderen Eigenschaften bleiben erhalten, also auch das lokale Maximum bei $x_E=\frac{\pi}{2}$.

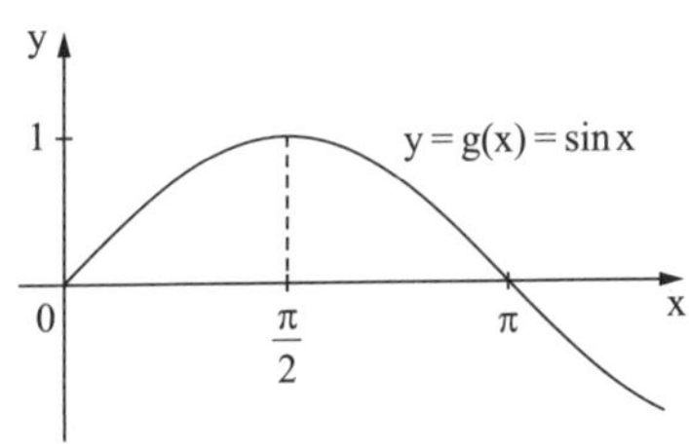

4 ☒ $\overline{MF}^2+\overline{MK}^2=\overline{KF}^2$

Erklärung der Lösung:
Das rechtwinklige Dreieck MKF besitzt die Hypotenuse $\overline{KF}$ und die Katheten $\overline{MK}$ und $\overline{MF}$. Nach dem Satz des Pythagoras gilt für ein rechtwinkliges Dreieck, dass die Quadrate über den Katheten zusammen den gleichen Flächeninhalt wie das Hypotenusenquadrat haben. Dies gilt nur für obige Gleichung.

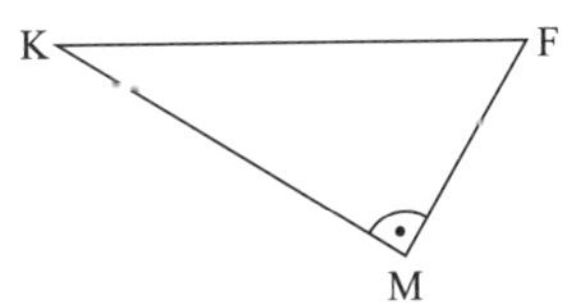

5 ☒ 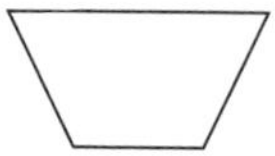

Erklärung der Lösung:
Nach der Begriffsdefinition ist ein Parallelogramm ein Viereck, in dem die Gegenseiten zueinander parallel sind. Das Trapez ist ein Viereck mit nur zwei zueinander parallelen Seiten und deshalb kein Parallelogramm.

6 ☒ 24

Erklärung der Lösung:
Die Gehcimzahl setzt sich aus vier Ziffern zusammen, sodass jede Ziffer eine Stelle (eins bis vier) zugewiesen bekommt. Da jede Ziffer nur einmal verwendet wird, gibt es für die erste Ziffer, also Stelle 1, genau 4 Auswahlmöglichkeiten. An zweiter Stelle kann nur eine noch nicht verwendete Ziffer stehen, es gibt also 3 Auswahlmöglichkeiten. Für die dritte Stelle stehen nur noch 2 Ziffern zur Auswahl und für die vierte die noch übrig gebliebene letzte Ziffer. Es gibt deshalb

$$4! = \underbrace{4}_{1.\,\text{Stelle}} \cdot \underbrace{3}_{2.\,\text{Stelle}} \cdot \underbrace{2}_{3.\,\text{Stelle}} \cdot \underbrace{1}_{4.\,\text{Stelle}} = 24$$

Möglichkeiten, eine Geheimzahl zu bilden.

7 Zur Berechnung des Volumens eines Prismas benutzt man die Formel:

$V = A_G \cdot h$ V ... Volumen des Prismas
A_G ... Grundfläche des Prismas
h ... Körperhöhe des Prismas

Da das Volumen und die Höhe des Prismas gegeben sind, muss die Gleichung nach der gesuchten Grundfläche umgestellt werden:

$$V = A_G \cdot h \qquad |: h \text{ und Seitentausch}$$

$$A_G = \frac{V}{h}$$

$$A_G = \frac{7{,}0\ \cancel{m^3}^{\,m^2}}{2{,}0\ \cancel{m}_1}$$

$$\underline{\underline{A_G = 3{,}5\ m^2}}$$

8.1

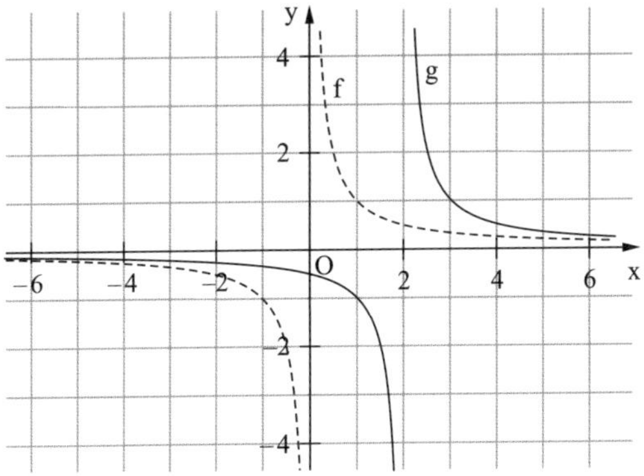

Erklärung der Lösung:
Verschiebt man den Graphen der Funktion

$y = f(x) = \frac{1}{x} \quad (x \in \mathbb{R};\, x \neq 0)$

zwei Einheiten in x-Richtung, erhält man den Graphen der Funktion

$y = g(x) = \frac{1}{x-2} \quad (x \in \mathbb{R};\, x \neq 2).$

8.2 $\underline{\underline{y = h(x) = -x}}$

Erklärung der Lösung:
Jede lineare Funktion kann durch eine Gleichung der Form $y = m \cdot x + n$ beschrieben werden. Dabei ist m der Anstieg der Funktion und n der Achsenabschnitt. Für $n = 0$ geht der Graph der Funktion durch den Koordinatenursprung und hat für $m \leq 0$ keinen Punkt mit der gegebenen Funktion gemeinsam, z. B. $m = -1$. Für $n \neq 0$ geht der Graph der Funktion nicht durch den Koordinatenursprung, aber man findet für ausgewählte m ebenfalls Graphen von Funktionen, die keine Schnittpunkte mit dem gegebenen Funktionsgraphen haben. Ein Beispiel wäre die Funktion mit der Gleichung $y = h(x) = -2x + 1$.

9.1 Gegeben: $\overline{BE} \parallel \overline{CD}$

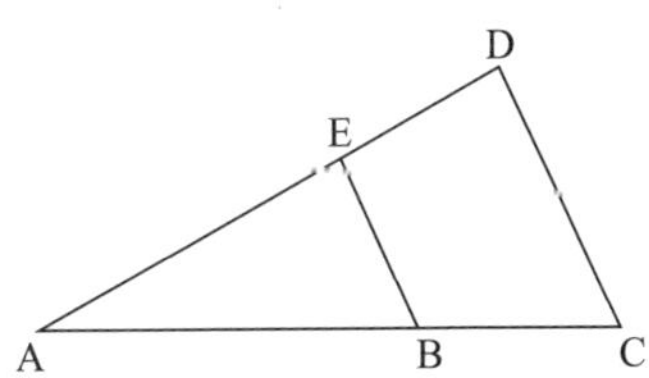

Für die Dreiecke ABE und ACD gilt:

- $\sphericalangle BAE = \sphericalangle CAD$, da sie diesen Winkel gemeinsam haben.
- $\sphericalangle EBA = \sphericalangle DCA$ nach dem Stufenwinkelsatz, da $\overline{BE} \parallel \overline{CD}$ vorgegeben ist.

Die beiden Dreiecke stimmen in zwei Winkeln überein und müssen daher nach dem Hauptähnlichkeitssatz zueinander ähnlich sein.

9.2 Da die Dreiecke ABE und ACD zueinander ähnlich sind, stimmen sie im Verhältnis einander zugehöriger Seiten überein. Unter Berücksichtigung der gegebenen Stücke kann die Verhältnisgleichung

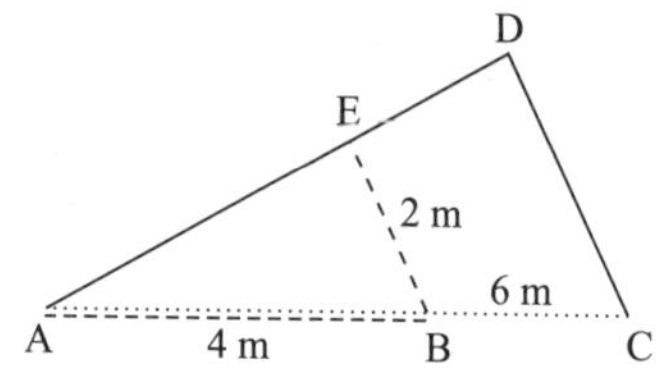

$$\frac{\overline{CD}}{\overline{BE}} = \frac{\overline{AC}}{\overline{AB}}$$

zur Berechnung der Strecke $\overline{CD}$ verwendet werden.

$$\frac{\overline{CD}}{\overline{BE}} = \frac{\overline{AC}}{\overline{AB}} \quad | \cdot \overline{BE}$$

$$\overline{CD} = \frac{\overline{AC} \cdot \overline{BE}}{\overline{AB}}$$

$$\overline{CD} = \frac{6\text{ m} \cdot 2\text{ m}}{4\text{ m}}$$

$$\underline{\underline{\overline{CD} = 3\text{ m}}}$$

Lösungen zu Teil B

1.1 Monotonieverhalten: Der Graph der Funktion $y = f(x) = 0{,}25 \cdot 2^x$ $(x \in \mathbb{R})$ ist im gesamten Definitionsbereich monoton wachsend.

Wertebereich: $y \in \mathbb{R};\ y > 0$

Asymptote: $y = 0$ (x-Achse)

Schnittpunkt mit der y-Achse: $S(0\,|\,0{,}25)$

Erklärung der Lösung:
Für jedes x erhält man einen positiven Funktionswert, der mit wachsendem x stark ansteigt (Wertebereich und Monotonie). Für immer kleiner werdende x nähern sich die Funktionswerte dem Wert null.
Für $x = -10$ erhält man:

$$f(-10) = 0{,}25 \cdot 2^{-10}$$

$$f(-10) = \frac{1}{4} \cdot \frac{1}{2^{10}}$$

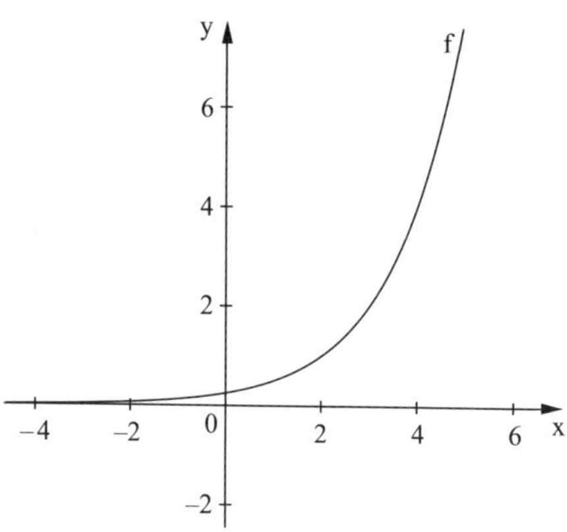

Für $x = -100$ erhält man:

$$f(-100) = 0{,}25 \cdot 2^{-100}$$

$$f(-100) = \frac{1}{4} \cdot \frac{1}{2^{100}}$$

Mit kleiner werdendem x wird der Nennerterm in der Funktionsgleichung immer größer, er wächst unendlich. Somit geht der gesamte Funktionsterm gegen null. Deshalb ist die x-Achse die Asymptote des Graphen der Funktion.

Für den Schnittpunkt mit der y-Achse muss gelten: $x = 0$. Eingesetzt, oder mit dem GTR ermittelt, erhält man:

$$f(0) = 0{,}25 \cdot 2^{0}$$

$$f(0) = 0{,}25 \cdot 1$$

$$f(0) = 0{,}25$$

1.2 Da die Punkte $P_1(12 \mid y_1)$ und $P_2(x_2 \mid 32)$ auf dem Graphen der Funktion liegen, müssen die Koordinaten x und y die Gleichung $y = 0{,}25 \cdot 2^x$ erfüllen.

Ermittlung von y_1: $\underline{\underline{y_1}} = 0{,}25 \cdot 2^{12} = \underline{\underline{1\,024}} \Rightarrow P_1(12 \mid 1\,024)$

Ermittlung von x_2:

$$32 = 0{,}25 \cdot 2^{x_2}$$

$$32 = \frac{1}{4} \cdot 2^{x_2} \quad | \cdot 4$$

$$32 \cdot 4 = 2^{x_2}$$

$$128 = 2^{x_2}$$

1. Lösungsmöglichkeit:
durch Überlegen

$$128 = 2^7$$

2. Lösungsmöglichkeit:
durch Logarithmieren

$$\lg 128 = \lg 2^{x_2} \quad | \text{ Anwendung Logarithmengesetz}$$

$$\lg 128 = x_2 \cdot \lg 2 \quad | : \lg 2 \text{ und Seitentausch}$$

$$x_2 = \frac{\lg 128}{\lg 2}$$

$$\underline{\underline{x_2 = 7}}$$

$\Rightarrow P_2(7 \mid 32)$

Die gesuchten Koordinaten können auch im GRAPH-Menü des GTR über die Befehle Y-Cal bzw. X-Cal ermittelt werden.

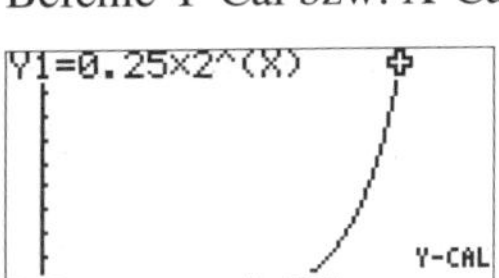

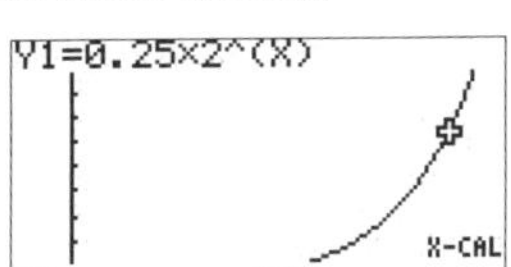

1.3 Auch hier müssen die Koordinaten des Punktes $P\left(-3 \mid \frac{1}{2}\right)$ die Funktionsgleichung $y = k \cdot 2^x$ $(x \in \mathbb{R})$ erfüllen, da der Punkt P auf dem Funktionsgraphen liegt.

$$\frac{1}{2} = k \cdot 2^{-3}$$

$$\frac{1}{2} = k \cdot \frac{1}{2^3}$$

$$\frac{1}{2} = k \cdot \frac{1}{8} \qquad | \cdot 8$$

$$\frac{8}{2} = k$$

$$\underline{\underline{k = 4}}$$

2.1 Durch die Symmetrie des Daches erhält man über das Lot vom Dachfirst auf den Dachboden (in der Skizze mit h bezeichnet) zwei kongruente rechtwinklige Dreiecke. Auf eines wendet man zur Berechnung des Winkels α eine trigonometrische Beziehung an.

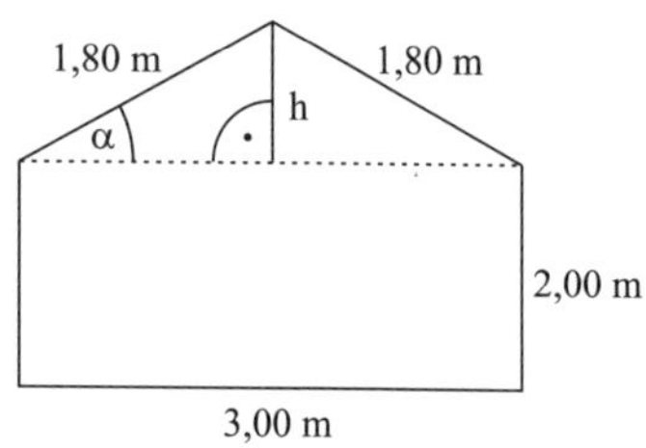

Skizze

$$\cos\alpha = \frac{3{,}00\text{ m} : 2}{1{,}80\text{ m}}$$

$$\alpha \approx 33{,}6°$$

Da $33{,}6° > 20°$, ist die geforderte Bedingung erfüllt.

Hinweis: Hier wäre auch eine Überprüfung durch eine maßstäbliche Konstruktion möglich.

2.2 Die gesamte Giebelfläche setzt sich aus einer Rechteckfläche ($a = 3{,}00$ m; $b = 2{,}00$ m) und der Fläche eines gleichschenkligen Dreiecks (Grundseite $g = 3{,}00$ m; zugehörige Höhe h) zusammen.

$A = A_R + A_D$ $\qquad A_R$ ... Flächeninhalt des Rechtecks

$\qquad\qquad\qquad A_D$ ... Flächeninhalt des Dreiecks

$$A = a \cdot b + \frac{1}{2} g \cdot h$$

Berechnung von h:
Für das schon in Teilaufgabe 2.1 betrachtete rechtwinklige Dreieck gilt der Satz des Pythagoras.

$$(1{,}80\text{ m})^2 = h^2 + (1{,}50\text{ m})^2$$

Nach der Umstellung der Gleichung nach h gilt:

$$h^2 = (1{,}80\text{ m})^2 - (1{,}50\text{ m})^2 \qquad |\sqrt{} \quad (h > 0)$$

$$h = \sqrt{(1{,}80\text{ m})^2 - (1{,}50\text{ m})^2}$$

$$h = \sqrt{0{,}99}\text{ m}$$

$$h = \frac{3}{10}\sqrt{11}\text{ m}$$

Für die Berechnung der Fläche folgt damit:

$$A = a \cdot b + \frac{1}{2} g \cdot h$$

$$A = 3{,}00\text{ m} \cdot 2{,}00\text{ m} + \frac{1}{2} \cdot 3{,}00\text{ m} \cdot \frac{3}{10}\sqrt{11}\text{ m}$$

$$\underline{\underline{A \approx 7{,}49\text{ m}^2}}$$

Ergebnis: Die Giebelfläche hat eine Größe von rund 7,49 m^2.

3.1.1 Bei der Ausleihe eines Bootes vom Typ A für 4 Stunden bezahlt man eine Grundgebühr von 3 € und je Ausleihstunde 5,25 €. Die Gesamtkosten K betragen also:

$$K = 3{,}00\text{ €} + 5{,}25\,\frac{\text{€}}{\not{h}_1} \cdot 4\,\not{h}^1 = 3{,}00\text{ €} + 21{,}00\text{ €} = \underline{\underline{24{,}00\text{ €}}}$$

Ergebnis: Die Kosten für die Ausleihe betragen wie angegeben 24,00 €.

3.1.2 Für eine bestimmte Ausleihdauer x (in Stunden) stimmen die Ausleihkosten für Typ A und Typ B überein. Es muss also gelten:

$$\underbrace{3{,}00\text{ €} + 5{,}25\,\frac{\text{€}}{h} \cdot x}_{\text{Kosten für die Ausleihe eines Bootes vom Typ A}} = \underbrace{5{,}00\text{ €} + 5{,}00\,\frac{\text{€}}{h} \cdot x}_{\text{Kosten für die Ausleihe eines Bootes vom Typ B}}$$

Die Gleichung wird nach x umgestellt.

$$3{,}00\text{ €} + 5{,}25\,\frac{\text{€}}{h} \cdot x = 5{,}00\text{ €} + 5{,}00\,\frac{\text{€}}{h} \cdot x \qquad |-3{,}00\text{ €}$$

$$5{,}25\,\frac{\text{€}}{h} \cdot x = 2{,}00\text{ €} + 5{,}00\,\frac{\text{€}}{h} \cdot x \qquad |-5{,}00\,\frac{\text{€}}{h} \cdot x$$

$$0{,}25\,\frac{\text{€}}{h} \cdot x = 2{,}00\text{ €} \qquad |\cdot 4\,\frac{h}{\text{€}} \quad \left(0{,}25\,\frac{\text{€}}{h} = \frac{1}{4}\,\frac{\text{€}}{h}\right)$$

$$x = 2{,}00\,\not{\text{€}}^1 \cdot 4{,}00\,\frac{h}{\not{\text{€}}_1}$$

$$\underline{\underline{x = 8\text{ h}}}$$

Ergebnis: Die Ausleihdauer beträgt 8 Stunden.

3.1.3 Bei einer vierstündigen Kanutour mit einem Boot des Typs B (für 2 Personen) bezahlt man 25,00 €. Bei gleicher Ausleihzeit bezahlt man für ein Boot des Typs C (für 3 Personen) 29,50 €. Die 24 mitfahrenden Personen füllen die Plätze in den Booten vollständig aus und es werden insgesamt 252,00 € bezahlt. Mit diesen Bedingungen kann ein Gleichungssystem aufgestellt und gelöst werden. Zur besseren Übersicht werden hier die Einheiten weggelassen:

Kosten eines Bootes vom Typ B für 4 h — Kosten eines Bootes vom Typ C für 4 h

x … Anzahl der Boote vom Typ B
y … Anzahl der Boote vom Typ C
$x, y \in \mathbb{N}$

$$\text{I} \quad 25 \cdot x + 29{,}5 \cdot y = 252 \quad \text{(Gesamtkosten)}$$

$$\text{II} \quad 2 \cdot x + 3 \cdot y = 24 \quad \text{(Gesamtanzahl der Sitzplätze)}$$

Personenanzahl im Boot vom Typ B — Personenanzahl im Boot vom Typ C

Unter Nutzung des GTR (EQUA-Menü) erhält man die Lösungen $\underline{\underline{x = 3}}$ und $\underline{\underline{y = 6}}$.

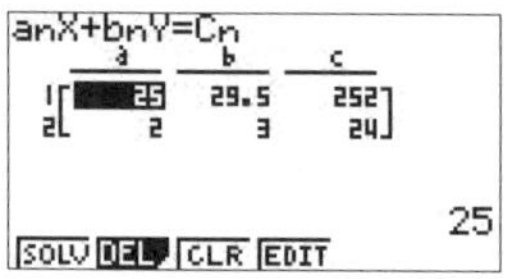

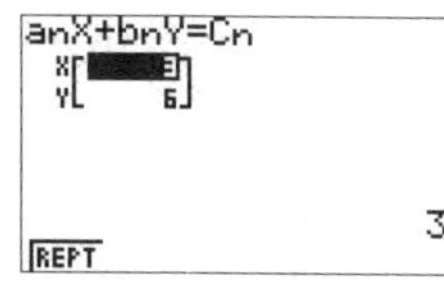

Ergebnis: Es wurden 3 Boote vom Typ B und 6 Boote vom Typ C ausgeliehen.

3.2 Das Abholen von zwei Schwimmwesten durch Lisa kann durch den Zufallsversuch „zweimaliges Ziehen ohne Zurücklegen" nachvollzogen und in einem Baumdiagramm veranschaulicht werden.

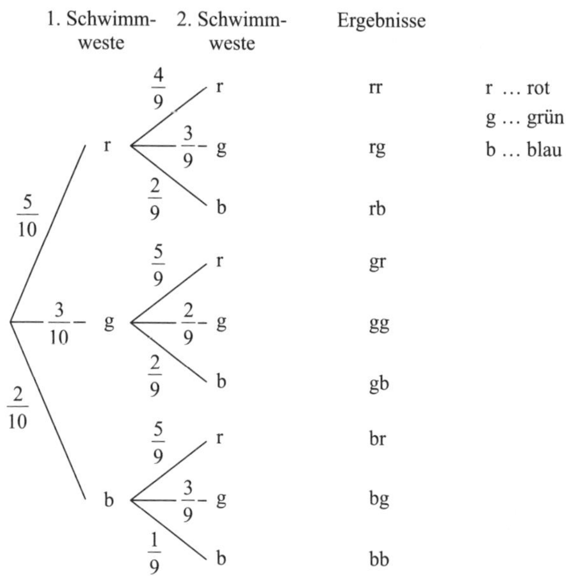

Zum Ereignis A „Lisa erhält zwei gleichfarbige Westen.“ gehören die Ergebnisse rr, gg und bb. Nach den Pfadregeln berechnet sich die zugehörige Wahrscheinlichkeit wie folgt:

$$\underline{\underline{P(A)}} = \frac{5}{10} \cdot \frac{4}{9} + \frac{3}{10} \cdot \frac{2}{9} + \frac{2}{10} \cdot \frac{1}{9} = \frac{14}{45} = \underline{\underline{0{,}3\overline{1}}}$$

Zum Ereignis B „Lisa erhält mindestens eine blaue Weste.“ gehören die Ergebnisse rb, gb, br, bg und bb.

1. Lösungsmöglichkeit:

Unter Verwendung der Pfadregeln gilt:

$$\underline{\underline{P(B)}} = \frac{5}{10} \cdot \frac{2}{9} + \frac{3}{10} \cdot \frac{2}{9} + \frac{2}{10} \cdot \frac{5}{9} + \frac{2}{10} \cdot \frac{3}{9} + \frac{2}{10} \cdot \frac{1}{9} = \frac{17}{45} = \underline{\underline{0{,}3\overline{7}}}$$

2. Lösungsmöglichkeit:

Das zum Ereignis B gehörige Gegenereignis $\overline{B}$ ist „Lisa erhält keine blaue Weste“. Mithilfe der Pfadregeln folgt:

$$P(\overline{B}) = \frac{8}{10} \cdot \frac{7}{9} = \frac{56}{90} = \frac{28}{45}$$

Die Wahrscheinlichkeit für B beträgt dann:

$$\underline{\underline{P(B)}} = 1 - P(\overline{B}) = 1 - \frac{28}{45} = \frac{17}{45}$$

Ergebnis: Das Ereignis A tritt mit einer Wahrscheinlichkeit von $\frac{14}{45}$ und das Ereignis B mit einer Wahrscheinlichkeit von $\frac{17}{45}$ ein.

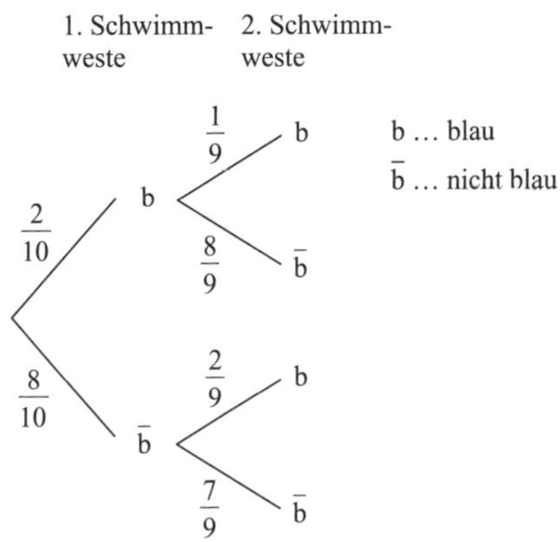

3.3 Gegeben ist ein stumpfwinkliges, unregelmäßiges Dreieck mit:

$c = \overline{AB} = 6{,}0$ km

$a = \overline{BC} = 4{,}8$ km

$\gamma = \sphericalangle ACB = 95°$

Die Länge der restlichen Wegstrecke $b = \overline{AC}$ kann unter Verwendung des Sinus- oder des Kosinussatzes berechnet werden.

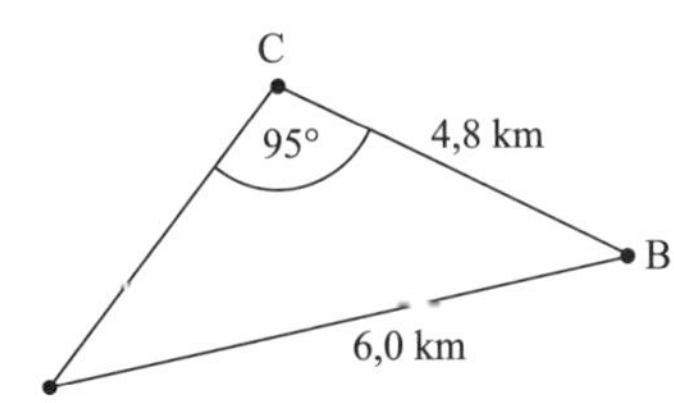

Skizze

Berechnung des Winkels $\alpha = \sphericalangle BAC$ mithilfe des Sinussatzes:

$$\frac{\sin\alpha}{4{,}8\text{ km}} = \frac{\sin 95^\circ}{6{,}0\text{ km}} \qquad |\cdot 4{,}8\text{ km}$$

$$\sin\alpha = \frac{\sin 95^\circ \cdot 4{,}8\ \cancel{\text{km}}^{1}}{6{,}0\ \cancel{\text{km}}_{1}} \qquad (\alpha < 90^\circ)$$

$$\alpha \approx 52{,}8^\circ$$

Berechnung des Winkels $\beta = \sphericalangle CBA$ mithilfe der Winkelsumme im Dreieck:
$\beta \approx 180^\circ - 95^\circ - 52{,}8^\circ \approx 32{,}2^\circ$

Nun fehlt noch die Berechnung der restlichen Wegstrecke $\overline{AC}$.

1. Lösungsmöglichkeit: Anwendung des Kosinussatzes

$$b^2 = a^2 + c^2 - 2ac \cdot \cos\beta \qquad |\sqrt{\ } \quad (b > 0)$$

$$b = \sqrt{a^2 + c^2 - 2ac \cdot \cos\beta}$$

$$b \approx \sqrt{(4{,}8\text{ km})^2 + (6{,}0\text{ km})^2 - 2 \cdot 4{,}8\text{ km} \cdot 6{,}0\text{ km} \cdot \cos 32{,}2^\circ}$$

$$\underline{\underline{b \approx 3{,}2\text{ km}}}$$

2. Lösungsmöglichkeit: Anwendung des Sinussatzes

$$\frac{\overline{AC}}{\sin\beta} = \frac{\overline{AB}}{\sin\gamma} \qquad |\cdot \sin\beta$$

$$\overline{AC} = \frac{\overline{AB} \cdot \sin\beta}{\sin\gamma}$$

$$\overline{AC} \approx \frac{6{,}0\text{ km} \cdot \sin 32{,}2^\circ}{\sin 95^\circ}$$

$$\overline{AC} \approx 3{,}2\text{ km}$$

Ergebnis: Die restliche Wegstrecke ist rund 3,2 km lang.

Besondere Leistungsfeststellung Mathematik Sachsen
2012

Teil A

(ohne Nutzung von Tabellen- und Formelsammlung sowie Taschenrechner)

In den Aufgaben 1 bis 6 ist von den jeweils fünf Auswahlmöglichkeiten genau eine Antwort richtig. Kreuzen Sie das jeweilige Feld an.

1 Welches der Schrägbilder stellt ein Prisma dar? (1 BE)

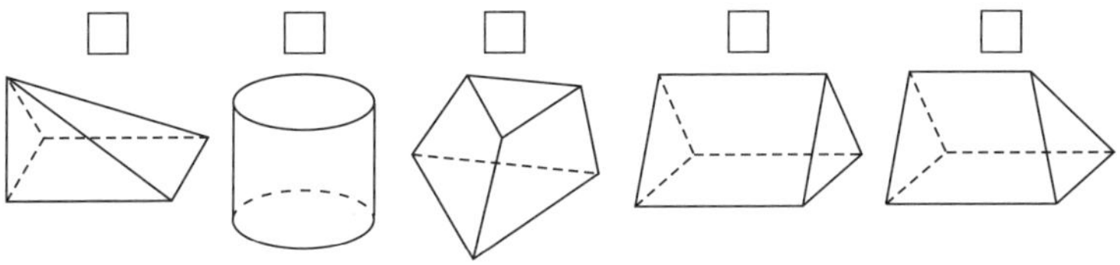

2 Die Breite eines Hausmodells beträgt 40 cm. In der Realität besitzt das Haus eine Breite von 8,0 m. In welchem Maßstab wurde das Hausmodell gebaut? (1 BE)

☐ 1 : 20 ☐ 1 : 50 ☐ 1 : 200 ☐ 1 : 500 ☐ 1 : 2 000

3 Gegeben ist die Wahrscheinlichkeitsverteilung der Zufallsgröße X.

x_i	1	2	3
$P(X = x_i)$	0,1	0,5	0,4

Der Erwartungswert der Zufallsgröße X beträgt: (1 BE)

☐ 1,0 ☐ 2,0 ☐ 2,3 ☐ 3,3 ☐ 6,0

4 Die Funktion f ist eine lineare Funktion mit dem größtmöglichen Definitionsbereich. Der Graph von f verläuft durch die Punkte $A(-2\,|\,5)$ und $B(0\,|\,1)$. Entscheiden Sie, welcher der folgenden Punkte ebenfalls auf dem Graphen der Funktion f liegt. (1 BE)

☐ $P(-4\,|\,5)$ ☐ $P(-1\,|\,0)$ ☐ $P(-1\,|\,3)$ ☐ $P(0\,|\,2)$ ☐ $P(6\,|\,7)$

5 Entscheiden Sie, welche der folgenden Aussagen wahr ist. (1 BE)

☐ Zwei Dreiecke sind ähnlich, wenn sie in mindestens einem Winkel übereinstimmen.

☐ Werden bei einem Dreieck alle Seitenlängen verdoppelt, vervierfacht sich der Flächeninhalt des Dreiecks.

☐ In einem gleichschenkligen Dreieck sind alle Winkel gleich groß.

☐ Zwei Dreiecke sind kongruent, wenn sie in drei Winkeln übereinstimmen.

☐ Zur längsten Seite eines Dreiecks gehört stets die größte Höhe.

6 In ein Quadrat ist der größtmögliche Kreis einbeschrieben (siehe Abbildung). Der Flächeninhalt des Kreises beträgt: (1 BE)

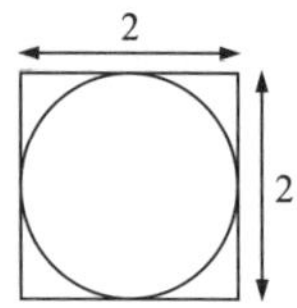

Abbildung (nicht maßstäblich)

☐	☐	☐	☐	☐
$\frac{3}{4}$	$\frac{1}{4}\cdot\pi$	π	$2\cdot\pi$	$4\cdot\pi$

7 Gegeben sind fünf Terme (siehe rechts). Geben Sie den Term mit dem kleinsten Wert und den Term mit dem größten Wert an.

$\frac{2}{9}$ $9^{\frac{1}{2}}$ 9^2 2^9 $2{,}9$

Term mit kleinstem Wert: __________

Term mit größtem Wert: __________ (2 BE)

8 Gegeben ist die Funktion f durch $y = f(x) = -2\cdot\sin(x)$ $(x \in \mathbb{R})$.

8.1 Geben Sie den Wertebereich und die kleinste Periode der Funktion f an.

Wertebereich: __________

kleinste Periode: __________

8.2 Skizzieren Sie den Graphen der Funktion f mindestens im Intervall $0 \leq x \leq 2 \cdot \pi$ in das vorgegebene Koordinatensystem.
Tragen Sie eine zweckmäßige Einteilung an die Achsen an.

8.3 Geben Sie den Funktionswert $f(-\pi)$ an: $f(-\pi) =$ ____________ (5 BE)

9 In einem Zoo bekommt ein Elefant zur Hauptmahlzeit Futter in folgender Zusammensetzung:

Heu	24 kg
Karotten und Rüben	12 kg
Stroh	8 kg
sonstiges Obst und Gemüse	4 kg

Stellen Sie die jeweiligen Anteile des Futters in dem vorbereiteten Kreisdiagramm dar.

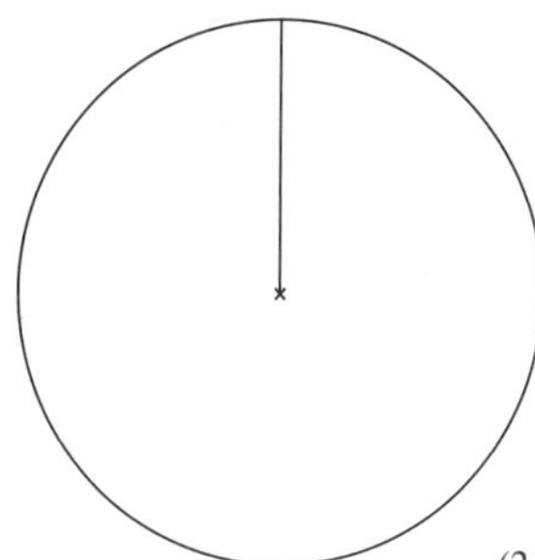

(2 BE)

Teil B

1 Gegeben sind die Funktionen f und g durch $y = f(x) = (x - 3)^2 - 4 \; (x \in \mathbb{R})$ bzw. $y = g(x) = 5 \cdot x + 5 \; (x \in \mathbb{R})$.

1.1 Geben Sie die Monotonieintervalle der Funktion f sowie die zugehörige Art der Monotonie an.
Geben Sie eine Gleichung für die Symmetrieachse des Graphen der Funktion f an. (3 BE)

1.2 Zeigen Sie, dass die Funktion f die Nullstellen $x_{N_1} = 1$ und $x_{N_2} = 5$ hat.
Die Schnittpunkte des Graphen von f mit der x-Achse und der Scheitelpunkt des Graphen von f bilden ein gleichschenkliges Dreieck.
Berechnen Sie den Flächeninhalt dieses Dreiecks. (4 BE)

1.3 Ermitteln Sie die Koordinaten der Schnittpunkte der Graphen von f und g. (3 BE)

2 Die Abbildung zeigt den Strafraum eines Fußballplatzes mit dem 2,44 m hohen und 7,32 m breiten Tor. Der Elfmeterpunkt befindet sich 11,00 m von der Mitte der Torlinie entfernt. Der Punkt F ist aus Sicht des Schützen 17,50 m von dem Punkt entfernt, an dem der linke Torpfosten die Torlinie berührt, und 19,80 m von dem Punkt, an dem der rechte Torpfosten die Torlinie berührt (siehe Abbildung).

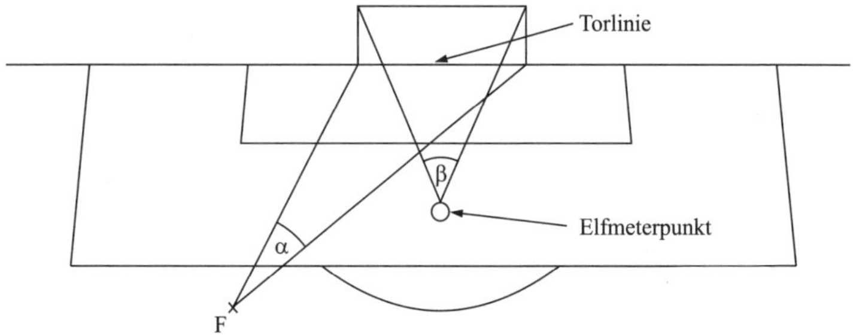

Abbildung (nicht maßstäblich)

2.1 Vom Punkt F führt ein Schütze einen Freistoß aus. Der Winkel α ist Torschusswinkel für einen Flachschuss.
Berechnen Sie die Größe des Winkels α. (2 BE)

2.2 Bei einem Strafstoß schießt der Schütze vom Elfmeterpunkt auf das Tor.
Der Winkel β ist der Torschusswinkel für einen Hochschuss.
Berechnen Sie die Größe des Winkels β. (3 BE)

3 Das Gondwanaland ist eine beliebte Attraktion im Leipziger Zoo.

3.1 Mit einer Grundfläche von 16 500 m^2 ist das Gondwanaland die größte Tropenhalle Europas.

3.1.1 Etwa 45 % der Grundfläche sind mit dichten tropischen Gewächsen bepflanzt. Bestimmen Sie den Inhalt der mit tropischen Gewächsen bepflanzten Fläche. (2 BE)

3.1.2 Der Inhalt A der Grundfläche der Tropenhalle (siehe Abbildung) kann mit der Formel

$$A = \frac{r^2}{2} \cdot (\pi - \sqrt{3})$$

berechnet werden.
Zeigen Sie, dass die Länge einer Seite r des einbeschriebenen gleichseitigen Dreiecks größer als 150 m ist. (2 BE)

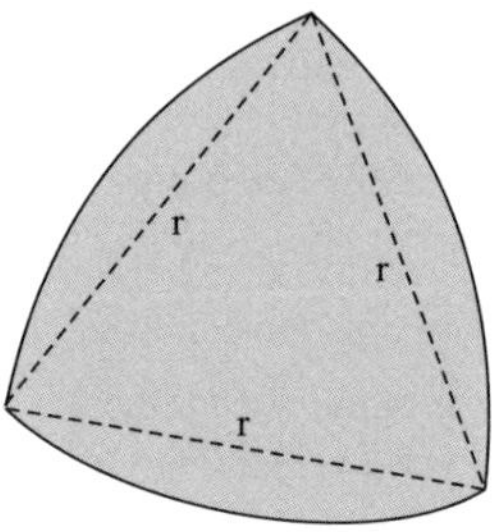

Abbildung (nicht maßstäblich)

3.2 Das Opossumweibchen Heidi gehörte zur Art des Virginia-Opossums. Die Entwicklung einer Population von Virginia-Opossums kann unter bestimmten Bedingungen für einen begrenzten Zeitraum näherungsweise durch die nachstehende Gleichung beschrieben werden:

$a(t) = 10 \cdot e^{0{,}17 \cdot t} \quad (t \in \mathbb{R};\ 0 \le t \le 20)$

Dabei haben die Variablen folgende Bedeutung:

t Zeit in Monaten

a(t) Anzahl der Tiere in der Population zur Zeit t

3.2.1 Geben Sie die Anzahl der Tiere zu Beginn der Entwicklung der Population an. Ermitteln Sie die Anzahl der Tiere nach einem Jahr. Ermitteln Sie, nach wie vielen Monaten die Anzahl der Tiere etwa 90 beträgt. (5 BE)

3.2.2 Begründen Sie, dass die angegebene Gleichung nicht geeignet ist, die Anzahl der Tiere in der Population für einen langen Zeitraum zu berechnen. (2 BE)

3.3 Der Komodowaran und die Schabrackentapire gehören zu den scheuesten der 300 Tiere des Gondwanalandes und können sich dort wie im richtigen Tropenwald gut verbergen. Eine von einer Schülergruppe erhobene statistische Auswertung ergab: 30 % aller Besucher haben den Komodowaran nicht gesehen und unabhängig davon konnten 20 % aller Besucher keinen Schabrackentapir entdecken. Berechnen Sie aufgrund dieser Erhebung die Wahrscheinlichkeiten folgender Ereignisse.

Ereignis A: Ein zufällig ausgewählter Besucher des Gondwanalandes entdeckt weder den Komodowaran noch einen Schabrackentapir.

Ereignis B: Ein zufällig ausgewählter Besucher des Gondwanalandes sieht wenigstens einen Vertreter dieser beiden Tierarten. (4 BE)

Teilaufgabe 1.1

- Veranschaulichen Sie sich den Graphen der Funktion.
- Ermitteln Sie den Scheitelpunkt der nach oben geöffneten Parabel.
- Es sind für wachsende Argumente x zwei Monotonieintervalle erkennbar.
- Die Symmetrieachse verläuft durch den Scheitelpunkt.

Teilaufgabe 1.2

- Die Nullstelle einer Funktion ist dasjenige Argument x, dessen zugeordneter Funktionswert f(x) null ist.
- Setzen Sie die gegebenen Nullstellen in die Funktionsgleichung ein.
- Prüfen Sie die Richtigkeit der Aussage.
- Zeichnen Sie das gesuchte Dreieck, das durch die Punkte S (Scheitelpunkt des Graphen der Funktion), N_1 und N_2 (Schnittpunkte des Graphen mit der x-Achse) gegeben ist.
- Es gilt $N_1(x_1 \mid 0)$ und $N_2(x_2 \mid 0)$.
- Berechnen Sie den Flächeninhalt des Dreiecks SN_2N_1 nach bekannter Formel.
- Die Flächeninhaltsformel für ein beliebiges Dreieck ist: $A = \frac{1}{2} g \cdot h$
- Die Grundseite g ist durch die Schnittpunkte N_1 und N_2 festgelegt.
- Die zur Grundseite zugehörige Höhe ist über die y-Koordinate des Scheitelpunktes ermittelbar.

Teilaufgabe 1.3

- Wenn die Graphen der Funktionen f und g sich schneiden, erfüllen die Schnittpunktkoordinaten beide Funktionsgleichungen.
- Zeitsparend können die Schnittpunkte mithilfe des GRAPH-Menüs des GTR ermittelt werden. Dabei ist auf eine optimale Fenstereinstellung zu achten, um alle möglichen Schnittpunkte finden zu können.

Teilaufgabe 2.1

- Tragen Sie sich die gegebenen Größen in das Dreieck mit dem Eckpunkt F und dem Winkel α ein.
- Es sind alle drei Seiten des Dreiecks gegeben. Über den Kosinussatz lässt sich die Größe des Winkels α berechnen.

Teilaufgabe 2.2

- Suchen Sie sich zwei rechtwinklige Dreiecke in der Zeichnung.
- Ein rechtwinkliges Dreieck wird durch den Punkt E, den Mittelpunkt der Torlinie und den Mittelpunkt des Torquerbalkens gebildet.
- Mit dem Satz des Pythagoras kann die Entfernung d vom Punkt E zum Mittelpunkt des Torquerbalkens berechnet werden.

- Das andere rechtwinklige Dreieck wird durch den Punkt E, den Mittelpunkt des Torquerbalkens und dem oberen Pfostenendpunkt des Tores gebildet.
- Mithilfe einer trigonometrischen Beziehung kann die Hälfte des Winkels β berechnet werden.

Teilaufgabe 3.1.1

- Da eine direkte Proportionalität vorliegt, kann die gesuchte Fläche über den Dreisatz berechnet werden.

Teilaufgabe 3.1.2

- Die Grundfläche von Gondwanaland ist $A = 16\,500\ \text{m}^2$ groß.
  Setzen Sie $A = 16\,500\ \text{m}^2$ in die gegebene Berechnungsformel ein.
- Stellen Sie die Gleichung nach r um.
- Vergleichen Sie die berechnete Größe mit der Vorgabe.

Teilaufgabe 3.2.1

- Die Anzahl der Tiere zu Populationsbeginn kann direkt aus der Funktionsgleichung abgelesen werden.
- Der Startwert ist mit a(0) festgelegt.
- Überlegen Sie, wie viele Monate ein Jahr hat.
- Berechnen Sie den Wert für a(12), indem Sie das Argument $t = 12$ in die Funktionsgleichung einsetzen.
- Mit 90 Tieren ist der Funktionswert gegeben.
- Gesucht ist das zugehörige Argument t für $a(t) = 90$.
- Setzen Sie diesen gegebenen Funktionswert in die Funktionsgleichung $a(t) = 10 \cdot e^{0{,}17 \cdot t}$ ein und ermitteln Sie t.
- Sie können auch hier mit dem GTR einen Näherungswert ermitteln.

Teilaufgabe 3.2.2

- Überlegen Sie, ob mit der gegebenen Funktion ein beschränktes oder unbeschränktes Wachstum beschrieben wird.
- Finden Sie Gründe, warum das Wachstum der Tierpopulation beschränkt ist.

Teilaufgabe 3.3

- Veranschaulichen Sie sich den Sachverhalt in einem Baumdiagramm.
- Kennzeichnen Sie sich den Pfad, der zum Ereignis A gehört.
- Berechnen Sie mithilfe der Pfadmultiplikationsregel die gesuchte Wahrscheinlichkeit.
- Überlegen Sie, wie das Ereignis B mit dem Ereignis A zusammenhängt.
- Das Ereignis A ist das Gegenereignis von Ereignis B.
- Die Summe der Wahrscheinlichkeiten eines Ereignisses und seines Gegenereignisses ist 1.

Lösungen zu Teil A

1 [X]

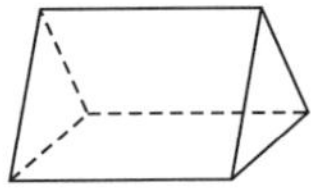

Erklärung der Lösung:
Ein geometrischer Körper heißt Prisma, wenn er von zwei zueinander kongruenten und parallelen n-Eckflächen (Grund- und Deckfläche) und von n Parallelogrammen (Mantel) begrenzt wird.
Das trifft nur auf den vierten Körper zu, dessen Grund- bzw. Deckfläche ein Dreieck ist und dessen Mantel von drei Rechtecken gebildet wird.

2 [X] 1 : 20

Erklärung der Lösung:
Der Maßstab gibt das Längenverhältnis einer Strecke in der Zeichnung oder dem Modell (Bildstrecke) zur Strecke in der Wirklichkeit an (Originalstrecke).

$$\frac{\text{Bildstrecke}}{\text{Originalstrecke}} = \frac{40\text{ cm}}{8{,}0\text{ m}} = \frac{40\text{ cm}}{800\text{ cm}}$$

gekürzt: $\frac{1}{20}$ (andere Schreibweise: 1 : 20)

3 [X] 2,3

Erklärung der Lösung:
Der Erwartungswert E(X) einer Zufallsgröße X gibt an, welchen Wert man bei häufiger Versuchsdurchführung im Mittel zu erwarten hat. Die Berechnung des Erwartungswertes erfolgt folgendermaßen:

$$E(X) = x_1 \cdot P(X = x_1) + x_2 \cdot P(X = x_2) + \ldots + x_n \cdot P(X = x_n)$$

Wert der Zufallsgröße (x_1) — zugehörige Wahrscheinlichkeit ($P(X = x_1)$)

Für die Aufgabe gilt demzufolge:

$$\begin{aligned} E(X) &= 1 \cdot 0{,}1 + 2 \cdot 0{,}5 + 3 \cdot 0{,}4 \\ &= 0{,}1 + 1 + 1{,}2 \\ &= 2{,}3 \end{aligned}$$

4 ☒ $P(-1|3)$

Erklärung der Lösung:

1. Möglichkeit:

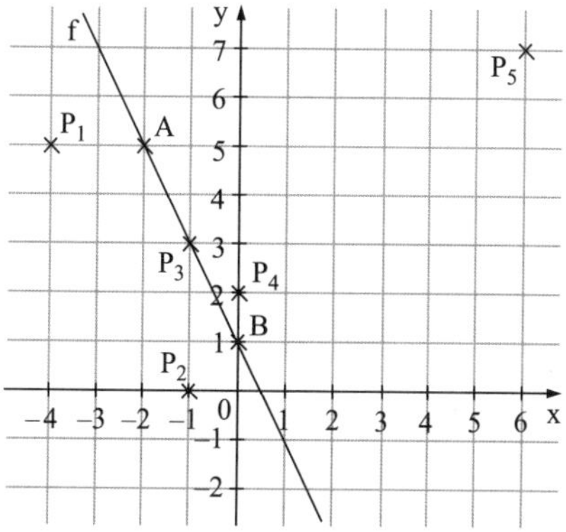

Der Graph der linearen Funktion, der durch die Punkte $A(-2|5)$ und $B(0|1)$ verläuft, ist monoton fallend. Wegen der Eindeutigkeit der Zuordnung müssen die Punkte $P_1(-4|\underline{5})$ und $P_4(\underline{0}|2)$ entfallen. Sie stimmen in der y-Koordinate mit dem Punkt A bzw. mit der x-Koordinate des Punktes B überein. $P_5(6|7)$ entfällt aufgrund der Lage der Geraden (Funktionsgraph verläuft monoton fallend). $P_2(-1|0)$ entfällt, da für die Nullstelle $x_N > 0$ gelten muss.

2. Möglichkeit:

Die Ermittlung der Funktionsgleichung der linearen Funktion $(y = f(x) = m \cdot x + n)$ kann über verschiedene Varianten erfolgen. Nur eine Möglichkeit wird vorgestellt.

Über den Achsenabschnitt n kann der Schnittpunkt des Graphen der Funktion mit der y-Achse ermittelt werden: $P(0|n)$. Im vorliegenden Fall ist der Schnittpunkt mit der y-Achse durch den Punkt $B(0|1)$ gegeben. Das n kann abgelesen werden. Setzt man nun die Koordinaten des Punktes A in die Funktionsgleichung $f(x) = m \cdot x + n$ ein, kann man m ermitteln:

$n = 1$ und $A(-2|5) \Rightarrow$

$$
\begin{aligned}
5 &= m \cdot (-2) + 1 \quad && |-1 \\
4 &= -2 \cdot m && |:(-2) \\
-2 &= m
\end{aligned}
$$

$f(x) = -2x + 1$

Jeder Punkt des Graphen der Funktion muss die Funktionsgleichung $y = f(x) = -2x + 1$ erfüllen. Durch Einsetzen der gegebenen Punktkoordinaten prüft man den Wahrheitsgehalt der Gleichung.

z. B. $P_1 \notin f$, denn $5 = -2 \cdot (-4) + 1$

$5 = 9$ f. A.

$P_3 \in f$, denn $3 = -2 \cdot (-1) + 1$

$3 = 2 + 1$

$3 = 3$ w. A.

5 ☒ Werden bei einem Dreieck alle Seitenlängen verdoppelt, vervierfacht sich der Flächeninhalt eines Dreiecks.

Erklärung der Lösung:
Für ein rechtwinkliges Dreieck ABC mit den Katheten a und b gilt für den Flächeninhalt:

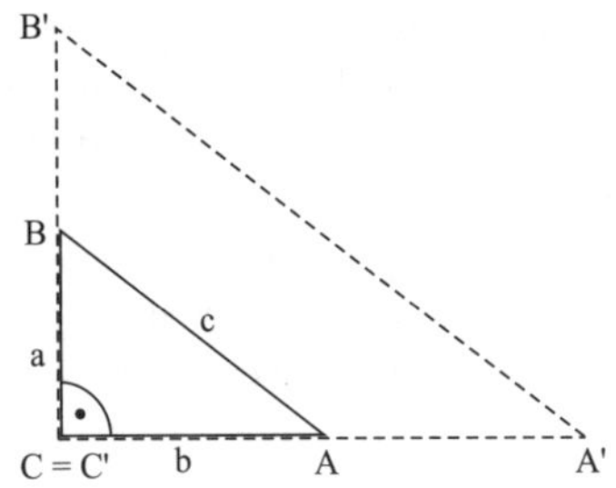

$$A = \frac{1}{2} a \cdot b$$

Werden die Seitenlängen verdoppelt, gilt:

$$A^* = \frac{1}{2} \cdot 2a \cdot 2b$$
$$= \frac{1}{2} \cdot 4 \cdot a \cdot b$$

Der Flächeninhalt wurde vervierfacht:

$$\frac{A^*}{A} = \frac{\frac{1}{2} \cdot 4 \cdot a \cdot b}{\frac{1}{2} \cdot a \cdot b} = \frac{4}{1}$$

Für jedes beliebige Dreieck gilt diese Aussage ebenfalls.
Werden die Seiten a, b und c eines Dreiecks verdoppelt, kann dies als zentrische Streckung mit dem Streckungszentrum C und dem Streckungsfaktor $k = 2$ aufgefasst werden. Für den Flächeninhalt zueinander ähnlicher Figuren gilt:

$$A^* = k^2 \cdot A$$

A^*: Flächeninhalt der Bildfigur $\Delta A'B'C'$ — A: Flächeninhalt der Originalfigur ΔABC

$$A^* = 2^2 \cdot A$$
$$= 4 \cdot A$$

6 ☒ π

Erklärung der Lösung:
Der Flächeninhalt eines Kreises kann mit der Formel $A = \pi r^2$ berechnet werden.
Der Durchmesser d des Kreises ist mit 2 vorgegeben. Also folgt für den Radius r:

$$r = \frac{d}{2} = \frac{2}{2} = 1$$

Der Flächeninhalt des Kreises ist $A = \pi \cdot 1^2 = \pi$.

7 Term mit kleinstem Wert: $\frac{2}{9}$

Term mit größtem Wert: 2^9

Erklärung der Lösung:
Hier hilft die Strukturerkennung (Brüche, Wurzeln, Potenzen) bei einer Abschätzung der Werte.

$\frac{2}{9} < 1$ da Zähler < Nenner	2,9	$9^{\frac{1}{2}} = \sqrt{9} = 3$	$9^2 = 81$	$2^9 > 81$ denn $2^7 = 128$

8 $y = f(x) = -2 \cdot \sin x \quad (x \in \mathbb{R})$

8.1 Der Graph der Funktion $f(x) = -2 \cdot \sin x$ geht aus dem Graphen der Funktion $y = g(x) = \sin x$ durch Streckung mit dem Faktor 2 in Richtung der y-Achse und anschließender Spiegelung an der x-Achse hervor.
Der Parameter $a = -2$ bewirkt eine Änderung des Wertebereiches, die Eigenschaften kleinste Periode und Nullstellen bleiben bestehen.

Wertebereich: $y \in \mathbb{R}; -2 \leq y \leq 2$
kleinste Periode: 2π

8.2

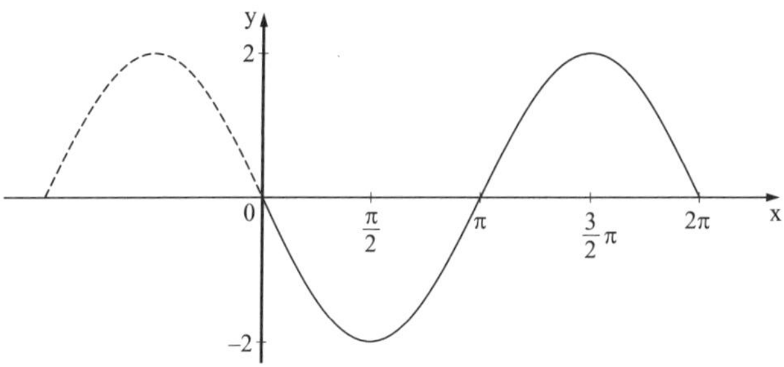

8.3 $f(-\pi) = 0$ kann aus der Periodizität geschlussfolgert werden (siehe gestrichelte Fortführung des Graphen).

9 Der Elefant bekommt insgesamt 48 kg Futter.

Futterart	Masse	Anteil an der Gesamtmasse	Winkel Kreissektor
Heu	24 kg	24 kg von 48 kg: $\frac{24\text{ kg}}{48\text{ kg}} = \frac{1}{2}$	$\frac{1}{2}$ von 360° = 180°
Karotten und Rüben	12 kg	12 kg von 48 kg: $\frac{12\text{ kg}}{48\text{ kg}} = \frac{1}{4}$	$\frac{1}{4}$ von 360° = 90°
Stroh	8 kg	8 kg von 48 kg: $\frac{8\text{ kg}}{48\text{ kg}} = \frac{1}{6}$	$\frac{1}{6}$ von 360° = 60°
sonst. Obst und Gem.	4 kg	4 kg von 48 kg: $\frac{4\text{ kg}}{48\text{ kg}} = \frac{1}{12}$	$\frac{1}{12}$ von 360° = 30°

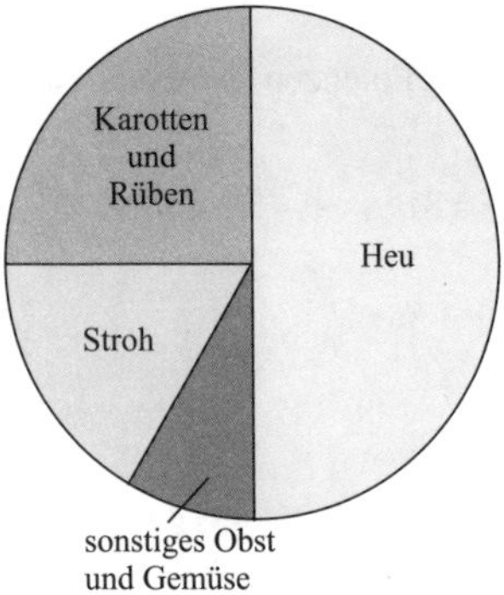

Lösungen zu Teil B

1 $y = f(x) = (x-3)^2 - 4 \; (x \in \mathbb{R})$ und $y = g(x) = 5 \cdot x + 5 \; (x \in \mathbb{R})$

1.1 Monotonie für $y < 3$ streng monoton fallend
für $y > 3$ streng monoton wachsend

Symmetrieachse: $x = 3$

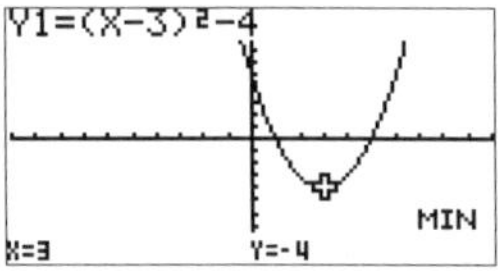

Erklärung der Lösung:
Die Funktionsgleichung der quadratischen Funktion ist in Scheitelpunktform gegeben. Es ist zu erkennen, dass der Graph der Funktion $y = h(x) = x^2$ (Normalparabel) 3 Einheiten in x-Richtung und 4 Einheiten entgegen der y-Richtung verschoben wurde. Dadurch verläuft die Symmetrieachse des Graphen von f parallel zur y-Achse durch den Scheitelpunkt $S(3\,|-4)$, der gleichzeitig Tiefpunkt ist.

1.2 Die Nullstelle einer Funktion ist dasjenige Argument x, dessen zugeordneter Funktionswert f(x) null ist. Es gibt zwei Möglichkeiten, um zu zeigen, dass für die Funktion f die Nullstellen $x_{N_1} = 1$ und $x_{N_2} = 5$ sind.

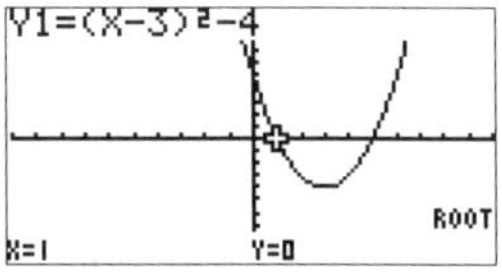

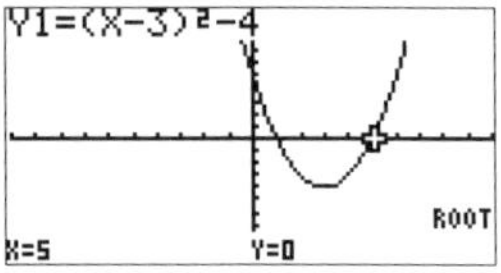

1. Möglichkeit:
Durch das Einsetzen der vorgegebenen Nullstellen zeigt man die Richtigkeit der Aussage.

$$\begin{aligned} f(1) &= (1-3)^2 - 4 \\ &= (-2)^2 - 4 \\ &= 4 - 4 \\ &= 0 \end{aligned} \qquad \begin{aligned} f(5) &= (5-3)^2 - 4 \\ &= 2^2 - 4 \\ &= 4 - 4 \\ &= 0 \end{aligned}$$

2. Möglichkeit:
Man berechnet die Nullstellen durch Umstellen der quadratischen Gleichung und zeigt dann die Übereinstimmung mit den gegebenen Nullstellen.

$$(x_N - 3)^2 - 4 = 0 \quad |+4$$
$$(x_N - 3)^2 = 4 \quad |\sqrt{\ }$$
$$|x_N - 3| = 2$$

$$-(x_{N_1} - 3) = 2 \qquad\qquad +(x_{N_2} - 3) = 2$$
$$-x_{N_1} + 3 = 2 \quad |-3 \qquad\qquad x_{N_2} - 3 = 2 \quad |+3$$
$$-x_{N_1} = -1 \quad |\cdot(-1) \qquad\qquad x_{N_2} = 5$$
$$x_{N_1} = 1$$

Ergebnis: Der Vergleich mit der Vorgabe zeigt, dass die Funktion die Nullstellen $x_{N_1} = 1$ und $x_{N_2} = 5$ haben muss.

Flächeninhalt des Dreiecks:
Der Flächeninhalt eines beliebigen Dreiecks berechnet sich aus:

$$A = \frac{1}{2} \cdot g \cdot h$$

g … Grundseite
h … zugehörige Höhe

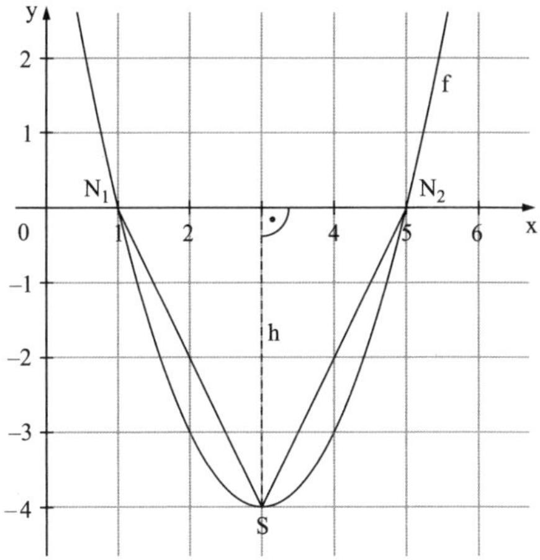

Die Grundseite des gleichschenkligen Dreiecks SN_2N_1 ist $\overline{N_1N_2}$.
Die Länge von $\overline{N_1N_2}$ ergibt sich aus der Differenz der beiden Nullstellen:

$$\overline{N_1N_2} = x_{N_2} - x_{N_1} = 5 - 1 = 4$$

Die zur Grundseite $\overline{N_1N_2}$ gehörige Höhe ist das Lot vom Scheitelpunkt S auf die x-Achse. Ihre Länge ist aufgrund der ermittelten Scheitelpunktkoordinaten ($f(x_S) = -4$) gleich 4.

$$A = \frac{1}{2} \cdot 4 \cdot 4 = \underline{\underline{8}}$$

Ergebnis: Der Flächeninhalt des Dreiecks ist 8.

1.3 *1. Möglichkeit:* Ermittlung mithilfe des GTR

Nach Eingabe der Funktionsgleichungen $f(x) = (x-3)^2 - 4$ und $g(x) = 5 \cdot x + 5$ in das GRAPH-Menü können die Schnittpunkte ermittelt werden.

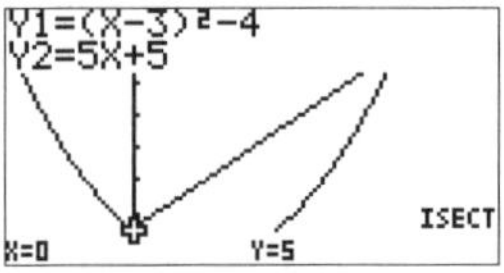

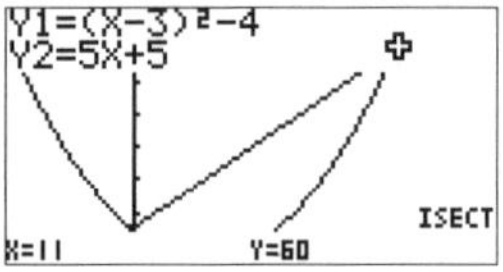

Ergebnis: $S_1(0\,|\,5)$, $S_2(11\,|\,60)$

Anmerkung: Der Taschenrechner zeigt nur dann beide Schnittpunkte an, wenn das Fenster im Definitionsbereich (x) groß genug eingestellt ist.

2. Möglichkeit: Berechnung

Wenn die Graphen der Funktionen f und g sich schneiden, dann haben die Schnittpunkte für ein bestimmtes Argument x einen übereinstimmenden Funktionswert.

Berechnung der x-Koordinate des Schnittpunkts:

$$\begin{aligned} f(x) &= g(x) \\ (x-3)^2 - 4 &= 5x + 5 && |+4 \\ (x-3)^2 &= 5x + 9 \\ x^2 - 6x + 9 &= 5x + 9 && |-5x - 9 \text{ und Seitentausch} \\ 0 &= x^2 - 11x && |\text{ x ausklammern} \\ 0 &= x(x-11) \end{aligned}$$

Ein Produkt ist null, wenn einer der beiden Faktoren null ist.

1. Lösung: $x = 0$

2. Lösung: $x - 11 = 0 \;\Rightarrow\; x = 11$

Berechnung der zugehörigen y-Koordinate des Schnittpunkts:

$g(0) = 5 \cdot 0 + 5 = 5$

$g(11) = 5 \cdot 11 + 5 = 60$

Probe: $$\begin{aligned} f(0) &= (0-3)^2 - 4 \\ &= 9 - 4 \\ &= 5 \end{aligned}$$

$$\begin{aligned} f(11) &= (11-3)^2 - 4 \\ &= 64 - 4 \\ &= 60 \end{aligned}$$

Ergebnis: Die Graphen der Funktionen f und g schneiden sich in den Punkten $S_1(0\,|\,5)$ und $S_2(11\,|\,60)$.

2.1 In der Skizze sind die gegebenen Größen für das vorgegebene Dreieck veranschaulicht. Mithilfe des Kosinussatzes kann die gesuchte Winkelgröße α ermittelt werden.

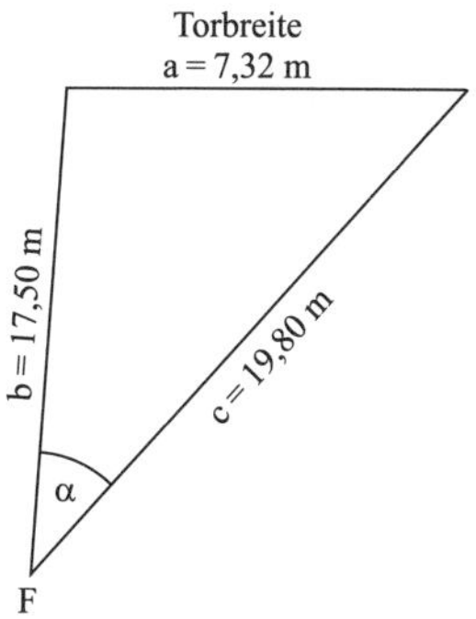

Abbildung (nicht maßstäblich)

b und c sind jeweils die Entfernungen vom Abstoßpunkt F zu den Fußpunkten der Torpfosten.

$$a^2 = b^2 + c^2 - 2 \cdot b \cdot c \cdot \cos\alpha \qquad |-b^2 - c^2$$

$$a^2 - b^2 - c^2 = -2 \cdot b \cdot c \cdot \cos\alpha \qquad |:(-2bc) \text{ und Seitentausch}$$

$$\cos\alpha = \frac{a^2 - b^2 - c^2}{-2 \cdot b \cdot c}$$

$$\cos\alpha = \frac{(7{,}32\text{ m})^2 - (17{,}50\text{ m})^2 - (19{,}80\text{ m})^2}{-2 \cdot 17{,}50\text{ m} \cdot 19{,}80\text{ m}}$$

$$\cos\alpha \approx 0{,}9303$$

$$\underline{\underline{\alpha \approx 21{,}5°}}$$

Ergebnis: Der Winkel α hat eine Größe von rund 21,5°.

2.2 In die vorgegebene Zeichnung lassen sich zwei rechtwinklige Dreiecke eintragen. Mithilfe des Satzes von Pythagoras und einer trigonometrischen Beziehung lässt sich die Größe des Winkels β berechnen.

Seitenansicht:

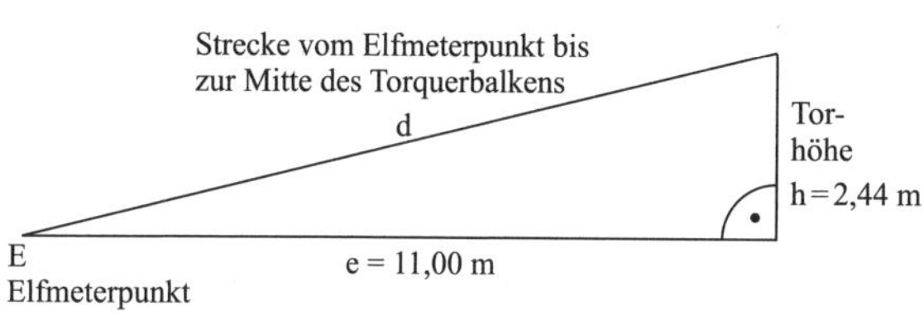

Draufsicht:

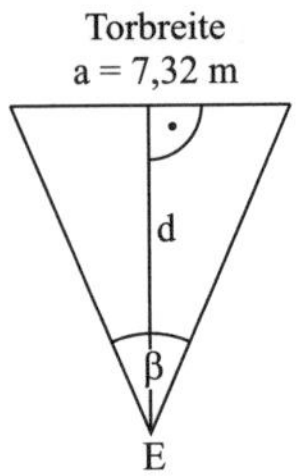

räumliche Sicht:

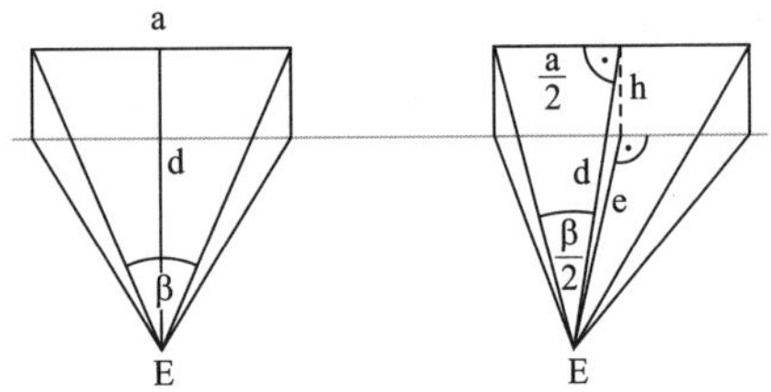

Satz des Pythagoras:

$$d^2 = e^2 + h^2 \qquad |\sqrt{\ } \ (d > 0)$$

$$d = \sqrt{e^2 + h^2}$$

Winkelbeziehung:

$$\tan\frac{\beta}{2} = \frac{\frac{a}{2}}{d}$$

$$\tan\frac{\beta}{2} = \frac{7{,}32\ \text{m} : 2}{\sqrt{(11{,}00\ \text{m})^2 + (2{,}44\ \text{m})^2}}$$

$$\tan\frac{\beta}{2} \approx 0{,}3248$$

$$\frac{\beta}{2} \approx 17{,}995° \qquad |\cdot 2$$

$$\underline{\underline{\beta \approx 36{,}0°}}$$

Ergebnis: Die Größe des Winkels β ist 36,0°.

3.1.1 45 % von 16 500 m^2 = 0,45 · 16 500 m^2 = $\underline{\underline{7\,425\ m^2}}$

Erklärung der Lösung:
Da eine direkte Proportionalität vorliegt, gilt:

:100 ↓	100 %	≙	16 500 m^2	↓ :100
	1 %	≙	165 m^2	
·45 ↓	45 %	≙	7 425 m^2	↓ ·45

Ergebnis: Die mit tropischen Gewächsen bepflanzte Fläche hat eine Größe von 7 425 m^2.

3.1.2 Die Grundfläche von Gondwanaland ist $A = 16\,500\ m^2$ groß und kann mit der Formel $A = \frac{r^2}{2} \cdot (\pi - \sqrt{3})$ berechnet werden.

Die Umstellung der Gleichung liefert eine Aussage zur Größe von r (1. Möglichkeit).
Es ist aber auch möglich, durch Einsetzen von r = 150 m über den Flächenvergleich eine Aussage zu treffen (2. Möglichkeit).

1. Möglichkeit:

$$A = \frac{r^2}{2} \cdot (\pi - \sqrt{3})$$

$$16\,500\ m^2 = \frac{r^2}{2} \cdot (\pi - \sqrt{3}) \qquad |\cdot 2$$

$$33\,000\ m^2 = r^2 \cdot (\pi - \sqrt{3}) \qquad |:(\pi - \sqrt{3}) \text{ und Seitentausch}$$

$$r^2 = \frac{33\,000\ m^2}{(\pi - \sqrt{3})} \qquad |\sqrt{}\ (r > 0)$$

$$r = \sqrt{\frac{33\,000\ m^2}{(\pi - \sqrt{3})}}$$

$$\underline{r \approx 153\ m}$$

Ergebnis: 153 m > 150 m

Somit ist gezeigt, dass r größer als 150 m sein muss, um die vorgegebene Größe der Grundfläche zu erhalten.

2. Möglichkeit:

$$A = \frac{(150\ m)^2}{2} \cdot (\pi - \sqrt{3})$$

$$\underline{A \approx 15\,857\ m^2}$$

Ergebnis: $15\,857\ m^2 < 16\,500\ m^2$

Das r muss größer als 150 m sein, um die vorgegebene Grundflächengröße zu erhalten, da A mit größer werdendem r wächst bzw. A proportional r^2 gilt.

3.2.1 $a(t) = 10 \cdot e^{0,17 \cdot t}$ $\qquad 0 \le t \le 20$

t … Zeit in Monaten

a … Anzahl der Tiere

Anzahl der Tiere zu Populationsbeginn: $\underline{\underline{10}}$

Erklärung der Lösung:
Aus der Gleichung kann der Anfangsbestand sofort abgelesen werden, er ist mit 10 gegeben.
Berechenbar wäre die Anzahl der Tiere zu Beginn durch die Betrachtung des

Anfangszeitpunktes $t = 0$.

$$
\begin{aligned}
a(0) &= 10 \cdot e^{0,17 \cdot 0} \\
&= 10 \cdot e^{0} \\
&= 10 \cdot 1 \\
&= 10
\end{aligned}
$$

Ermittlung der Anzahl der Tiere nach einem Jahr:
Ein Jahr hat 12 Monate. Damit gilt $t = 12$.

$$a(12) = 10 \cdot e^{0,17 \cdot 12} \approx \underline{\underline{76,906}}$$

Ergebnis: Nach einem Jahr sind 76 Tiere vorhanden.

Ermittlung der Anzahl der Monate für einen Bestand von 90 Tieren:

1. Möglichkeit:
Mithilfe des GRAPH-Menüs des GTR lässt sich nach Eingabe der Funktionsgleichung $f(x) = 10 \cdot e^{0,17 \cdot x}$ über x-cal der gesuchte Wert unter Eingabe von $y = f(x) = 90$ ermitteln.

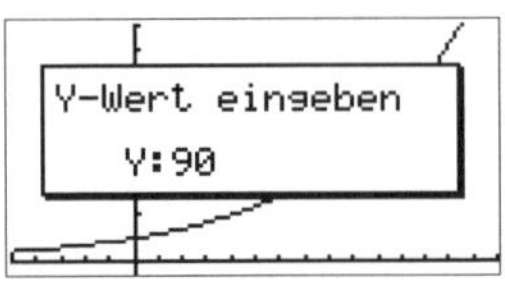

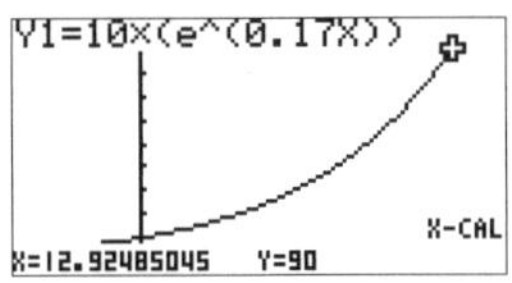

2. Möglichkeit:
Es ist das Argument gesucht, dem der Funktionswert 90 zugeordnet ist. Durch Umstellen der Gleichung kann das Argument berechnet werden.

$$
\begin{aligned}
90 &= 10 \cdot e^{0,17 \cdot t} && |:10 \\
9 &= e^{0,17 \cdot t} && |\text{Definition des Logarithmus anwenden} \\
\ln 9 &= 0,17 \cdot t && |:0,17 \text{ und Seitentausch} \\
t &= \frac{\ln 9}{0,17} \\
t &\approx 12,92
\end{aligned}
$$

Die Lösung der Gleichung lässt sich mithilfe des „SOLV“-Befehls im EQUA-Menü des GTR sofort ermitteln.

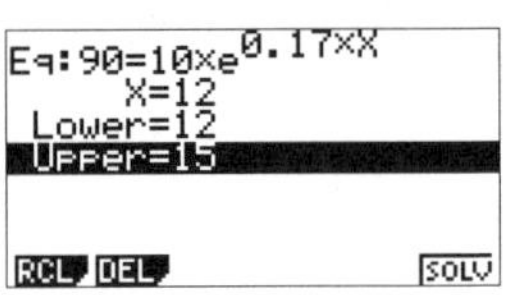

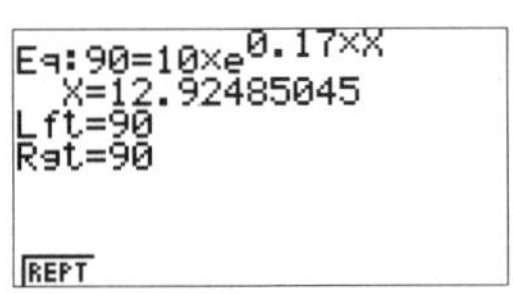

Ergebnis: Nach $\underline{\underline{\text{13 Monaten}}}$ beträgt die Anzahl der Tiere etwa 90.

3.2.2 Mit der Funktionsgleichung $a(t) = 10 \cdot e^{0{,}17 \cdot t}$ wird ein unbeschränktes Wachstum beschrieben, bei dem die Anzahl der Tiere beliebig groß werden kann. Natürliche Prozesse sind aber aus unterschiedlichen Gründen beschränkt.

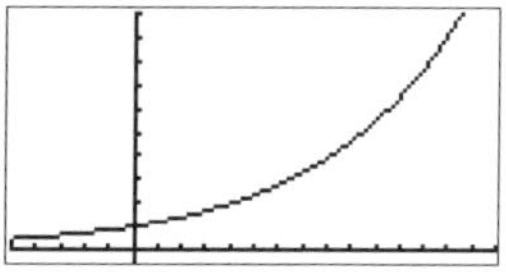

Für den Leipziger Zoo können solche Gründe Sterbefälle, Hinzunahme oder Abgabe von Tieren an andere Zoos und Beeinflussung der Fortpflanzungsbedingungen durch die Umwelt oder den Menschen sein. Aufgrund des begrenzten Platzes ist solch eine Regulierung der Population im Zoo sinnvoll und dient der Schaffung guter Lebensbedingungen für die Zootiere über viele Jahre.

3.3 Baumdiagramm zum Sachverhalt:

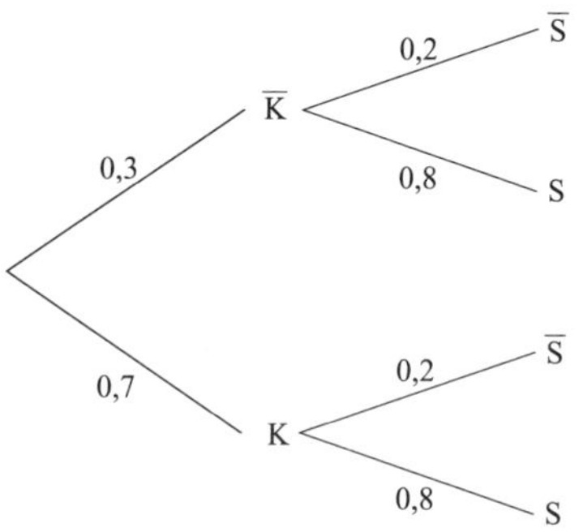

$\overline{K}$ ... Komodowaran nicht gesehen
K ... Komodowaran gesehen
$\overline{S}$ ... Schabrackentapir nicht gesehen
S ... Schabrackentapir gesehen

Die gesuchten Wahrscheinlichkeiten können mithilfe der Pfadregeln berechnet werden.

Für die Wahrscheinlichkeit des Ereignisses A werden die Wahrscheinlichkeiten entlang des Pfades $\overline{K} - \overline{S}$ multipliziert.

$\underline{\underline{P(A)}} = 0{,}3 \cdot 0{,}2 = \underline{\underline{0{,}06}}$

Für das Ereignis B müssen drei von den vier Pfaden betrachtet werden.

$P(B) = 0{,}3 \cdot 0{,}8 + 0{,}7 \cdot 0{,}2 + 0{,}7 \cdot 0{,}8 = 0{,}94$

Die Berechnung über das Gegenereignis führt hier schneller zum Ziel:

$$P(B) = 1 - P(A)$$
$$= 1 - 0{,}06$$

$\underline{\underline{P(B) = 0{,}94}}$

Ergebnis: Mit einer Wahrscheinlichkeit von 6 % entdeckt ein Besucher weder den Komodowaran noch einen Schabrackentapir.
Mit einer Wahrscheinlichkeit von 94 % sieht ein Besucher wenigstens einen Vertreter dieser beiden Tierarten.

Besondere Leistungsfeststellung Mathematik Sachsen 2013

Teil A

(ohne Nutzung von Tabellen- und Formelsammlung sowie Taschenrechner)

In den Aufgaben 1 bis 6 ist von den jeweils fünf Auswahlmöglichkeiten genau eine Antwort richtig. Kreuzen Sie das jeweilige Feld an.

1 Ein Kreissektor mit dem Zentriwinkel 72° stellt in einem Kreisdiagramm folgenden Prozentsatz dar: (1 BE)

☐	☐	☐	☐	☐
5 %	10 %	20 %	72 %	75 %

2 In jedem rechtwinkligen Dreieck gilt: Der Sinus eines spitzen Winkels ist gleich (1 BE)

☐	☐	☐	☐	☐
$\frac{\text{Gegenkathete}}{\text{Ankathete}}$	$\frac{\text{Ankathete}}{\text{Gegenkathete}}$	$\frac{\text{Hypotenuse}}{\text{Gegenkathete}}$	$\frac{\text{Gegenkathete}}{\text{Hypotenuse}}$	$\frac{\text{Ankathete}}{\text{Hypotenuse}}$

3 Gegeben sind die Funktionen f_1 bis f_5 jeweils in ihrem maximalen Definitionsbereich. Entscheiden Sie, welche dieser Funktionen die Nullstellen –1 und 4 besitzt: (1 BE)

☐ $f_1(x) = 4 \cdot x + 4$

☐ $f_2(x) = \sin\left(\frac{x}{4}\right)$

☐ $f_3(x) = \frac{3}{(x-4)^2}$

☐ $f_4(x) = 4^x$

☐ $f_5(x) = x^2 - 3 \cdot x - 4$

4 Gegeben sind die Funktionen f_1 bis f_5 jeweils in ihrem maximalen Definitionsbereich. Entscheiden Sie, welcher der Graphen dieser Funktionen symmetrisch zur y-Achse ist. (1 BE)

☐	☐	☐	☐	☐
$f_1(x) = \frac{1}{x^2}$	$f_2(x) = -e^x$	$f_3(x) = -0{,}5 \cdot x^3$	$f_4(x) = -3 \cdot x$	$f_5(x) = \sin x$

5 Der Term $\sqrt{\frac{4}{s-1}}$ ist nur für die Werte s ($s \in \mathbb{R}$) definiert, die folgende Bedingung erfüllen: (1 BE)

☐	☐	☐	☐	☐
$s \geq 0$	$s \neq 1$	$s > 1$	$s \leq 1$	$s \leq 0$

6 Ein Glücksrad mit vier gleich großen Sektoren (siehe Abbildung) wird genau dreimal gedreht.
Mit welchem Term berechnet man die Wahrscheinlichkeit dafür, dass man drei gleiche Symbole erhält?

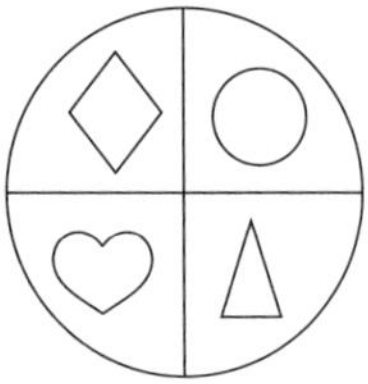

(1 BE)

☐	☐	☐	☐	☐
$\frac{1}{4} \cdot \frac{1}{3} \cdot \frac{1}{2}$	$\frac{1}{4} + \frac{1}{4} + \frac{1}{4}$	$\left(\frac{1}{4}\right)^3$	$3 \cdot \left(\frac{1}{4}\right)^3$	$4 \cdot \left(\frac{1}{4}\right)^3$

7 Gegeben sind die Punkte A(−1 | 1), B(3 | 1) und C(2 | 3).

7.1 Tragen Sie die Punkte A, B und C in das vorbereitete Koordinatensystem ein.

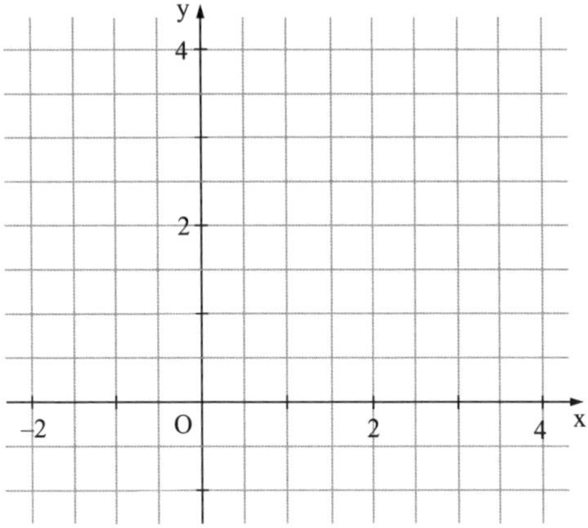

(1 BE)

7.2 Gesucht sind die Koordinaten eines Punktes D, sodass gilt: das Viereck ABCD ist ein Trapez mit den parallelen Seiten $\overline{AB}$ und $\overline{CD}$ sowie mit dem Flächeninhalt 6.
Geben Sie die Koordinaten eines solchen Punktes an.

D(___ | ___)

Weisen Sie nach, dass der Flächeninhalt tatsächlich den Wert 6 besitzt. (3 BE)

8 Im Prospekt eines Hotels ist angegeben, dass insgesamt 45 Betten in Ein- und Zweibettzimmern zur Verfügung stehen. Außerdem weist der Prospekt die Gesamtanzahl von 26 Zimmern aus.
Ermitteln Sie jeweils die Anzahl der Ein- und Zweibettzimmer. (3 BE)

9 Die Katheten eines rechtwinkligen Dreiecks sind 6 cm und 3 cm lang. Durch Rotation dieses Dreiecks um die Kathete mit der Länge 6 cm entsteht ein gerader Kreiskegel.
Zeigen Sie, dass dieser Kreiskegel das Volumen $18 \cdot \pi\ \text{cm}^3$ hat. (2 BE)

Teil B

1 Gegeben sind die Funktion f durch $y = f(x) = x^2 + 2 \cdot x - 3\ (x \in \mathbb{R})$ und die Koordinaten eines Punktes $A(-4\,|\,5)$.

1.1 Zeigen Sie, dass der Punkt A auf dem Graphen der Funktion f liegt. (1 BE)

1.2 Berechnen Sie den Abstand des Punktes A vom Koordinatenursprung. (2 BE)

1.3 Bestimmen Sie alle Argumente des Definitionsbereiches der Funktion f, für welche die Funktionswerte negativ sind. (2 BE)

1.4 Der Graph der linearen Funktion g schneidet den Graphen der Funktion f in den Punkten A und $B(x_B\,|-4)$.

1.4.1 Geben Sie die Koordinate x_B an. (1 BE)

1.4.2 Ermitteln Sie eine Gleichung der Funktion g. (2 BE)

2 Das Völkerschlachtdenkmal ist das größte Wahrzeichen der Stadt Leipzig und feiert im Jahr 2013 seinen 100. Geburtstag.

2.1 Die Gesamtmasse des Völkerschlachtdenkmals beträgt 300 000 t. Diese Gesamtmasse stammt zu 90 % vom verbauten Beton, der die Dichte $2{,}25\,\frac{t}{m^3}$ besitzt.
Berechnen Sie das Volumen des verbauten Betons. (2 BE)

2.2 Die Tabelle zeigt die Besucherzahlen des Völkerschlachtdenkmals.

Jahr	2007	2008	2009	2010	2011
Besucherzahl	186 737	180 242	189 693	179 611	200 319

2.2.1 Ermitteln Sie die Abweichung der Besucherzahl im Jahr 2011 vom arithmetischen Mittel der Besucherzahlen von 2007 bis 2011. (2 BE)

2.2.2 Geben Sie die Standardabweichung für die gegebenen Besucherzahlen an. (1 BE)

2.3 Von der Plattform des Völkerschlachtdenkmals (V) kann man den Rathausturm (R) und das City-Hochhaus (C) unter einem Winkel von 7,5° sehen. Die direkte Entfernung vom Rathaus zum Völkerschlachtdenkmal beträgt 3 920 m und die direkte Entfernung vom City-Hochhaus zum Völkerschlachtdenkmal beträgt 3 730 m. Berechnen Sie die direkte Entfernung vom Rathausturm zum City-Hochhaus.

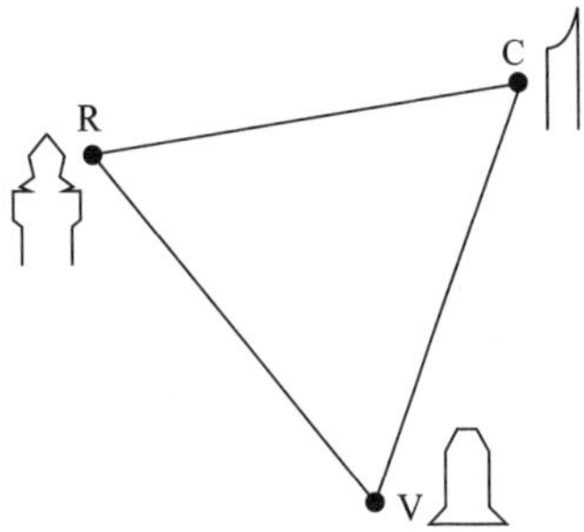

Abbildung (nicht maßstäblich) (2 BE)

3 Turmspringer trainieren sehr oft in Variosprungbecken. Dies sind Becken mit höhenverstellbarem Boden, sodass die Wassertiefe variiert werden kann. Für ein gefahrloses Springen von Sprungtürmen schreibt die FINA[1] für die jeweiligen Absprunghöhen Mindestwassertiefen vor.

Die Mindestwassertiefe in Abhängigkeit von der Absprunghöhe kann näherungsweise durch die nachstehende Funktionsgleichung beschrieben werden:

$t(h) = 3{,}095 \cdot 1{,}038^h \quad (h \in \mathbb{R};\ 1{,}0 \le h \le 10{,}0)$

Dabei haben die Variablen folgende Bedeutung:

h Absprunghöhe in Meter
t Mindestwassertiefe in Meter

3.1 Ein Variosprungbecken ist quaderförmig und 14,0 m lang, 12,5 m breit sowie zunächst 3,9 m tief. Es ist randvoll mit Wasser gefüllt.

3.1.1 Zeigen Sie, dass bei dieser Wassertiefe ein Sprung mit einer Absprunghöhe von 5 m zugelassen ist. (2 BE)

3.1.2 Ermitteln Sie, von welcher maximalen Absprunghöhe bei dieser Wassertiefe theoretisch gesprungen werden darf. (2 BE)

3.1.3 Geben Sie das Wasservolumen für das randvoll gefüllte Variosprungbecken an. (1 BE)

3.1.4 Der gesamte Boden des Variosprungbeckens wird so gesenkt, dass seine Form als Quader erhalten bleibt. Danach wird Wasser bis zum Beckenrand aufgefüllt.
Ermitteln Sie, um wie viele Zentimeter der Beckenboden gegenüber der ersten Einstellung gesenkt wurde, wenn sich im abgesenkten Variosprungbecken 805 m^3 Wasser befinden.
Ermitteln Sie, um wie viele Zentimeter die neue Wassertiefe die vorgeschriebene Mindestwassertiefe für einen Sprung mit einer Absprunghöhe von 10 m überschreitet. (5 BE)

1 Fédération Internationale de Natation ist der Dachverband aller nationalen Sportverbände für Schwimmen, Wasserspringen, Synchronschwimmen und Wasserball.

3.2 Jessi nimmt an einem nationalen Juniorenwettkampf teil. Sie muss in diesem Wettkampf fünf Sprünge mit unterschiedlichem Schwierigkeitsgrad zeigen.

3.2.1 Jessi kann die Reihenfolge ihrer Sprünge selbst bestimmen.
Geben Sie die Anzahl der möglichen Reihenfolgen an. (1 BE)

3.2.2 Jessis erster Sprung mit einem Schwierigkeitsgrad von 2,6 wird von den Wettkampfrichtern folgendermaßen bewertet:

6,5	8,0	6,5	7,5	7,5	6,0	5,5

Bei der Berechnung der Gesamtpunktzahl für den Sprung werden die zwei höchsten und die zwei niedrigsten Wertungen gestrichen. Die verbleibenden drei Wertungen werden addiert und das Ergebnis mit dem Schwierigkeitsgrad multipliziert.
Bestimmen Sie die Gesamtpunktzahl für diesen Sprung. (2 BE)

3.2.3 Bei Wettkämpfen gelingen Jessi die ersten vier Sprünge jeweils mit einer Wahrscheinlichkeit von 80 %. Der letzte Sprung misslingt ihr jedoch zu 40 %.
Berechnen Sie die Wahrscheinlichkeit dafür, dass ihr beim Wettkampf alle fünf Sprünge gelingen. (2 BE)

Lösungstipps zu Teil B

Teilaufgabe 1.1

- Der Punkt A(−4 | 5) soll auf dem Graphen der Funktion liegen.
- Seine Koordinaten müssen die Gleichung $y = x^2 + 2 \cdot x - 3$ erfüllen.
- Prüfen Sie, ob durch die Einsetzung der Punktkoordinaten in die Funktionsgleichung eine wahre Aussage entsteht.

Teilaufgabe 1.2

- Veranschaulichen Sie sich die Lage des Punktes A im Koordinatensystem.
- Zeichnen Sie den gesuchten Abstand $\overline{OA}$ ein.
- Zeichnen Sie die Senkrechte zur x-Achse durch A.
- Erkennbar ist ein rechtwinkliges Dreieck.
- Die Kathetenlängen sind durch die Koordinaten des Punktes A festgelegt.
- Die Länge der Hypotenuse entspricht dem gesuchten Abstand.
- Wenden Sie den Satz des Pythagoras an.

Teilaufgabe 1.3

- Entscheiden Sie, welche Lage der Graph der quadratischen Funktion im Koordinatensystem hat.
- An der Funktionsgleichung $y = f(x) = \underset{\text{positiver Koeffizient}}{\mathbf{1}} \cdot x^2 + 2 \cdot x - 3$ ist erkennbar, dass der Graph der Funktion eine nach oben offene Parabel ist.
- Negative Funktionswerte sind unterhalb der x-Achse zu finden.
- Die Nullstellen der quadratischen Funktion begrenzen den Bereich, in dem die Funktionswerte unterhalb der x-Achse liegen.

Teilaufgabe 1.4.1

- Der Punkt B muss ebenfalls auf dem Graphen der Funktion f liegen.
- Die Koordinaten des Punktes $B(x_B \mid -4)$ müssen die Funktionsgleichung $y = x^2 + 2 \cdot x - 3$ erfüllen.
- Setzen Sie die gegebene y-Koordinate $y = f(x_B) = -4$ in die Funktionsgleichung von f ein und berechnen Sie das zugehörige Argument x_B.

Teilaufgabe 1.4.2

- Die gesuchte Funktion g ist eine lineare Funktion.
- Jede lineare Funktion kann durch die Funktionsgleichung $y = g(x) = m \cdot x + n$ beschrieben werden.
- Die Punkte A und B liegen auf dem Graphen dieser linearen Funktion.
- Die Koordinaten dieser Punkte müssen die Funktionsgleichung $y = m \cdot x + n$ erfüllen.

- Stellen Sie mithilfe der Koordinaten der Punkte A und B ein lineares Gleichungssystem auf und lösen Sie es.
- Notieren Sie dann mit den gefundenen Ergebnissen für m und n die gesuchte Funktionsgleichung für g.

Teilaufgabe 2.1

- Von der Gesamtmasse sind 90 % Beton.
- Berechnen Sie 90 % von 300 000 t.
- Notieren Sie die Formel, mit der die Dichte bei bekannter Masse und bekanntem Volumen berechnet werden kann.
- Im gegebenen Fall sind Dichte ρ und Masse m bekannt. Stellen Sie die Formel $\rho = \frac{m}{V}$ nach dem Volumen V um.
- Berechnen Sie das Volumen durch Einsetzen von $m = 270\,000$ t und $\rho = 2{,}25\,\frac{t}{m^3}$.

Teilaufgabe 2.2

- Nutzen Sie das STAT-Menü des GTR.
- Geben Sie die Besucherzahlen in die Liste 1 in dieses Menü ein.
- Kontrollieren Sie unter „SET“ die Einstellungen. Lassen Sie sich das arithmetische Mittel und die Standardabweichung der Variablen 1 angeben.

Teilaufgabe 2.3

- Tragen Sie sich im gezeichneten Dreieck VCR die gegebenen Größen ein.
- Bekannt sind die Längen zweier Seiten ($\overline{RV}$ und $\overline{CV}$) und die Größe des von diesen Seiten eingeschlossenen Winkels.
- Unter Verwendung des Kosinussatzes kann die direkte Entfernung vom Rathausturm zum City-Hochhaus ($\overline{CR}$) berechnet werden.

Teilaufgabe 3.1.1

- Die Mindestwassertiefe kann bei vorgegebener Absprunghöhe h mithilfe der gegebenen Funktionsgleichung berechnet werden.
- Setzen Sie $h = 5$ in die Gleichung ein.
- Berechnen Sie $t(5) = 3{,}095 \cdot 1{,}038^5$.
- Vergleichen Sie den errechneten Wert t in Meter mit dem gegebenen Wert von 3,9 m Tiefe.

Teilaufgabe 3.1.2

- Die gegebene Funktionsgleichung beschreibt näherungsweise die Mindestwassertiefe (t in m) in Abhängigkeit von der Absprunghöhe (h in m).
- Setzen Sie den Funktionswert in die Gleichung $t(h) = 3{,}095 \cdot 1{,}038^h$ ein.
- Bestimmen Sie h in der Gleichung $3{,}9 = 3{,}095 \cdot 1{,}038^h$.

Teilaufgabe 3.1.3

- Das Variosprungbecken ist quaderförmig.
- Für das Volumen gilt: $V = a \cdot b \cdot c$
- Die Länge a, die Breite b und die Höhe c sind gegeben.
- Berechnen Sie das gesuchte Volumen durch Einsetzen der gegebenen Größen.

Teilaufgabe 3.1.4

- Durch Absenkung des Beckenbodens ändert sich die Wassertiefe.
- Die Länge der Seite c des Quaders wird größer.
- Die neue Wassertiefe kann ermittelt werden, indem die Formel $V = a \cdot b \cdot c$ nach c umgestellt wird.
- Berechnen Sie die Länge von c durch Einsetzen der gegebenen Größen V, a und b.
- Vergleichen Sie die berechnete neue Wassertiefe mit der ersten Einstellung (3,9 m Wassertiefe).
- Wie bei der Lösung zu Teilaufgabe 3.1.1 ermittelt man die Mindestwassertiefe nun bei einer Absprunghöhe von 10 m.
- Vergleichen Sie diese Mindestwassertiefe mit der berechneten neuen Wassertiefe.

Teilaufgabe 3.2.1

- Bestimmen Sie die Anzahl der möglichen Reihenfolgen.
- Überlegen Sie sich, wie viele Sprünge Jessi zur Auswahl hat, wenn sie das erste Mal springt.
- Überlegen Sie sich, wie viele Sprünge Jessi nach dem ersten (nun festgelegten Sprung) für das zweite Springen zur Auswahl hat.
- Gehen Sie bis zum letzten Sprung so vor.
- Die jeweilige Anzahl der Auswahlmöglichkeiten multipliziert man miteinander, um die Anzahl aller möglichen Reihenfolgen zu erhalten.

Teilaufgabe 3.2.2

- Streichen Sie die zwei höchsten und die zwei niedrigsten Wertungen.
- Addieren Sie die verbleibenden drei Wertungen.
- Multiplizieren Sie die erhaltene Summe mit dem Schwierigkeitsgrad 2,6.

Teilaufgabe 3.2.3

- Überlegen Sie, wie groß die Wahrscheinlichkeit ist, dass der erste Sprung gelingt.
- Mit der gleichen Wahrscheinlichkeit gelingen die Sprünge zwei, drei und vier.
- Der fünfte und letzte Sprung gelingt mit der Wahrscheinlichkeit $100\,\% - 40\,\% = 60\,\%$.
- Nutzen Sie die Pfadmultiplikationsregel.

Lösungen zu Teil A

1 ☒ 20 %

Erklärung der Lösung:

72° sind $\frac{1}{5}$ von 360° (Vollkreis)

$\frac{1}{5} = \frac{20}{100} = 20\ \%$

2 ☒ $\frac{\text{Gegenkathete}}{\text{Hypotenuse}}$

Erklärung der Lösung:
Für rechtwinklige Dreiecke ist definiert, dass für den spitzen Winkel α gilt:

$\sin \alpha = \frac{\text{Gegenkathete von } \alpha}{\text{Hypotenuse}}$

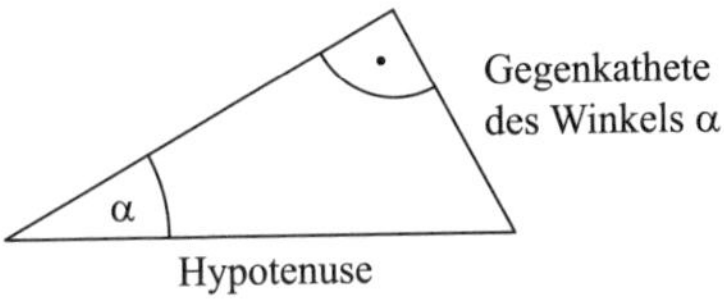

3 ☒ $f_5(x) = x^2 - 3 \cdot x - 4$

Erklärung der Lösung:
Eine Zahl x aus dem Definitionsbereich einer Funktion f, der durch f(x) die 0 zugeordnet wird, nennt man Nullstelle der Funktion ($f(x) = 0$). Setzt man in die Zuordnungsvorschrift $x \mapsto x^2 - 3 \cdot x - 4$ die Argumente $x_1 = -1$ und $x_2 = 4$ ein, so ergibt sich für beide der Funktionswert 0.

$f_5(-1) = (-1)^2 - 3 \cdot (-1) - 4 = 1 + 3 - 4 = 0$
$f_5(4) = 4^2 - 3 \cdot 4 - 4 = 16 - 12 - 4 = 0$

4 ☒ $f_1(x) = \frac{1}{x^2}$

Erklärung der Lösung:
Der Graph einer Funktion ist genau dann symmetrisch zur y-Achse, wenn für alle x des maximalen Definitionsbereiches gilt: $f(x) = f(-x)$

1. Möglichkeit:
Es wird der allgemeine Nachweis für die Funktion f_1 geführt.

$f_1(x) = \frac{1}{x^2}$

$f_1(-x) = \frac{1}{(-x)^2} = \frac{1}{(-x) \cdot (-x)} = \frac{1}{x^2}$

Nachweislich gilt: $f_1(x) = f_1(-x)$

2. Möglichkeit:
Durch Einsetzen einfacher Argumente kann durch Ausschlussverfahren die Funktion f_1 ermittelt werden.

$f_2(1) = -e^1 = -e$ und $f_2(-1) = -e^{-1} = -\frac{1}{e}$ $\Rightarrow$ $-e \neq -\frac{1}{e}$

$f_3(1) = -0{,}5 \cdot 1^3 = -0{,}5$ und $f_3(-1) = -0{,}5 \cdot (-1)^3 = 0{,}5$ $\Rightarrow$ $-0{,}5 \neq 0{,}5$

$f_4(1) = -3 \cdot 1 = -3$ und $f_4(-1) = -3 \cdot (-1) = 3$ $\Rightarrow$ $-3 \neq 3$

$f_5\left(\frac{\pi}{2}\right) = \sin\frac{\pi}{2} = 1$ und $f_5\left(-\frac{\pi}{2}\right) = \sin\left(-\frac{\pi}{2}\right) = -1$ $\Rightarrow$ $1 \neq -1$

5 ☒ $s > 1$

Erklärung der Lösung:
Der Term $\sqrt{\frac{4}{s-1}}$ muss folgende Bedingungen erfüllen:

- Nennerterm $s-1$ ist nicht 0.
- Radikand $\frac{4}{s-1}$ ist größer oder gleich 0.

Beide Bedingungen sind nur erfüllt, wenn $s > 1$ gilt.

6 ☒ $4 \cdot \left(\frac{1}{4}\right)^3$

Erklärung der Lösung:
Vier verschiedene Symbole sind in jeweils gleich großen Sektoren abgebildet. Bei einmaligem Drehen des Glücksrades kann ein Symbol mit der Wahrscheinlichkeit $p = \frac{1}{4}$ erdreht werden. Soll das zuerst erdrehte Symbol auch beim zweiten und dritten Drehen erscheinen, gilt nach der Pfadmultiplikationsregel:

$$P(E) = \frac{1}{4} \cdot \frac{1}{4} \cdot \frac{1}{4} = \left(\frac{1}{4}\right)^3$$

Aufgrund der vier verschiedenen Symbole kommen für das Ereignis A „Es werden gleiche Symbole erdreht" vier Pfade in Betracht. Nach der Additionsregel ergibt sich damit für die gesuchte Wahrscheinlichkeit:

$$P(A) = \underset{\Diamond}{\left(\frac{1}{4}\right)^3} + \underset{\circ}{\left(\frac{1}{4}\right)^3} + \underset{\heartsuit}{\left(\frac{1}{4}\right)^3} + \underset{\Delta}{\left(\frac{1}{4}\right)^3}$$

$$P(A) = 4 \cdot \left(\frac{1}{4}\right)^3$$

7.1

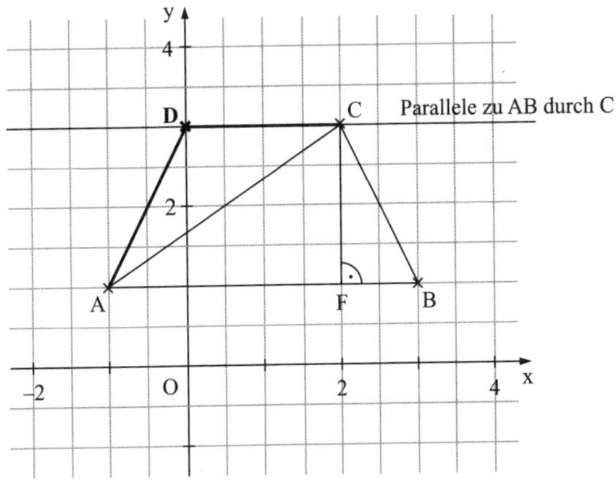

7.2 $\underline{\underline{D(0|3)}}$

Erklärung der Lösung:
Die parallelen Seiten des Trapezes ABCD sind mit $\overline{AB}$ und $\overline{CD}$ festgelegt. Der Punkt D muss damit auf der eingezeichneten Parallelen zu AB durch den Punkt C liegen.
Der Flächeninhalt ist mit 6 festgelegt. Den Flächeninhalt des Trapezes berechnet man mit:

$$A = \frac{(\overline{AB} + \overline{CD})}{2} \cdot \overline{CF}$$

$\overline{CF}$ … Abstand der zueinander parallelen Seiten

$$6 = \frac{(4 + \overline{CD})}{\cancel{2}^{1}} \cdot \cancel{2}^{1}$$

$$6 = 4 + \overline{CD}$$

$$\Rightarrow \quad \overline{CD} = 2$$

Mit dem Abstand 2 des Punktes D von C ergeben sich die Koordinaten des Punktes D.

Nachweis:

$$A = \frac{1}{2}(\overline{AB} + \overline{CD}) \cdot \overline{CF}$$

$$A = \frac{1}{2}(4 + 2) \cdot 2$$

$$\underline{\underline{A = 6}}$$

8 *1. Möglichkeit:*
In jedem der 26 Zimmer muss mindestens ein Bett stehen. Es bleiben noch 19 Betten ($45 - 26 = 19$) übrig. Da in jedem Zimmer höchstens zwei Betten stehen können, muss es 19 Zweibettzimmer geben.

2. Möglichkeit:
Es stehen Ein- und Zweibettzimmer zur Verfügung. Es wird festgelegt:
x … Anzahl der Einbettzimmer
y … Anzahl der Zweibettzimmer $\quad x, y \in \mathbb{N}$

Mit den gegebenen Bedingungen kann ein lineares Gleichungssystem aufgestellt werden. Es wird mithilfe eines Verfahrens zum Lösen linearer Gleichungssysteme (Additionsverfahren, Einsetzungsverfahren, Gleichsetzungsverfahren) gelöst.

Bedingung 1: Gesamtzimmeranzahl 26 $\quad$ (I) $x + y = 26$
Bedingung 2: 45 Betten insgesamt $\quad$ (II) $x + 2y = 45$

$$\begin{array}{lrl} \text{(I)} & x + y = 26 & \mid \cdot(-1) \quad \downarrow + \\ \text{(II)} & x + 2y = 45 & \\ \hline & y = 19 & \\ & x + 19 = 26 & \mid -19 \\ & x = 7 & \end{array}$$

Probe: Zimmer insgesamt: $7 + 19 = 26 \Rightarrow 26 = 26$ ✓
Betten insgesamt: $7 + 2 \cdot 19 = 45 \Rightarrow 45 = 45$ ✓

Ergebnis: Es gibt 7 Einbettzimmer und 19 Zweibettzimmer.

9 Das Volumen eines geraden Kreiskegels berechnet man mithilfe der Formel:

$$V = \frac{1}{3} A_G \cdot h \qquad \begin{array}{l} A_G \text{ … Grundfläche des Körpers} \\ h \text{ … Körperhöhe} \end{array}$$

Rotiert das rechtwinklige Dreieck um die längere Kathete, ist diese mit $h = 6$ cm die Körperhöhe des entstehenden geraden Kreiskegels. Die Grundfläche des Körpers ist ein Kreis, dessen Radius durch die kürzere Kathete bestimmt ist, also $r = 3$ cm.

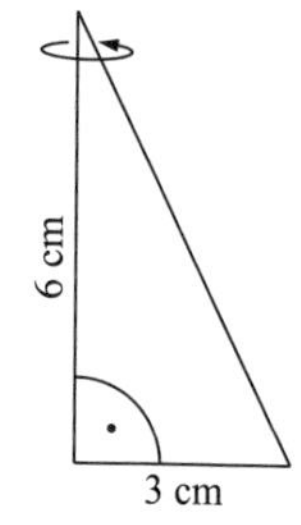

$r = 3$ cm
$h = 6$ cm

$$V = \frac{1}{3} \cdot \pi \cdot r^2 \cdot h$$

$$V = \frac{1}{3} \cdot \pi \cdot (3\text{ cm})^2 \cdot 6\text{ cm}$$

$$V = \frac{1}{\cancel{3}_1} \cdot \pi \cdot \overset{3}{\cancel{9}}\text{ cm}^2 \cdot 6\text{ cm}$$

$$\underline{\underline{V = 18 \cdot \pi\text{ cm}^3}}$$

Lösungen zu Teil B

1.1 Liegt der Punkt A(−4 | 5) auf dem Graphen der Funktion f mit der Gleichung $y = f(x) = x^2 + 2 \cdot x - 3$, dann erfüllen die Koordinaten $x = -4$ und $y = 5$ die Funktionsgleichung.
Ergibt sich durch diese Einsetzung eine wahre Aussage, ist gezeigt, dass der Punkt A auf dem Graphen der Funktion liegt.

$5 = (-4)^2 + 2 \cdot (-4) - 3$
$5 = 16 - 8 - 3$
$\underline{\underline{5 = 5}}$ w. A.

1.2 Der Abstand des Punktes A vom Koordinatenursprung kann unter Verwendung des Satzes von Pythagoras berechnet werden.
Zur Veranschaulichung ist das rechtwinklige Dreieck OAE in der nebenstehenden Abbildung gezeichnet.

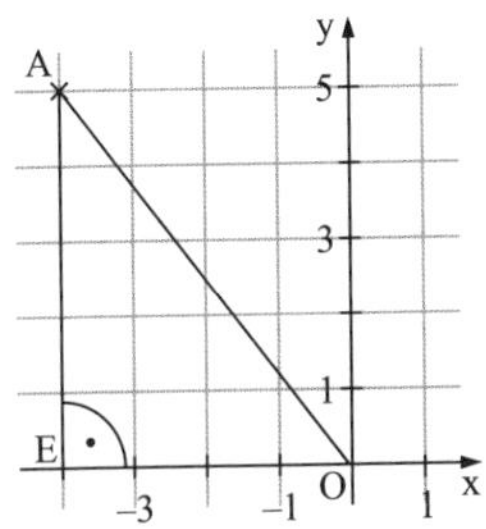

$\overline{OA}^2 = \overline{AE}^2 + \overline{EO}^2 \quad |\sqrt{\ } \quad (\overline{OA} > 0)$

$\overline{AE} = 5$ LE (y-Koordinate des Punktes A)
$\overline{EO} = 4$ LE (Betrag des x-Wertes von A)

$\overline{OA} = \sqrt{\overline{AE}^2 + \overline{EO}^2}$
$\overline{OA} = \sqrt{5^2 + 4^2}$
$\overline{OA} = \sqrt{25 + 16}$
$\underline{\underline{\overline{OA} = \sqrt{41}}}$

Ergebnis: Der Abstand des Punkts A vom Koordinatenursprung beträgt $\sqrt{41}$ LE.

1.3 Betrachtet man den Graphen der Funktion f, ist erkennbar, dass negative Funktionswerte unterhalb der x-Achse zu finden sind. Der Bereich der zugehörigen Argumente ist bei dieser nach oben geöffneten Normalparabel durch die Nullstellen begrenzt.

Es müssen also die Nullstellen von f bestimmt werden.

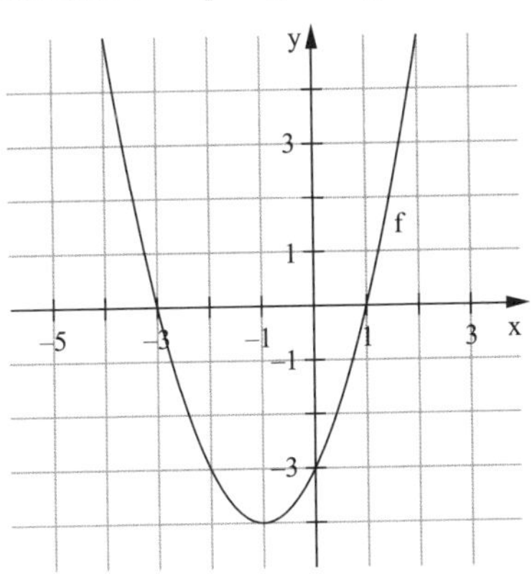

1. Möglichkeit:
Die Lösung lässt sich mithilfe des „SOLV"-Befehls im EQUA-Menü des GTR ermitteln.

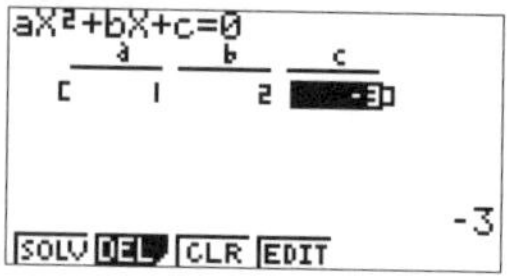

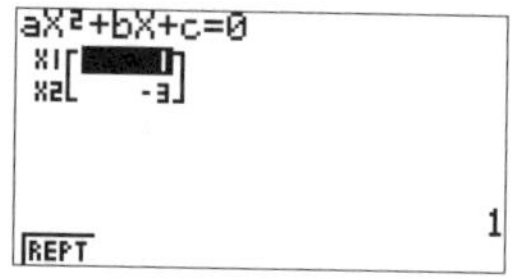

$0 = x_N^2 + 2 \cdot x_N - 3 \quad \Rightarrow \quad x_{N_1} = 1$ und $x_{N_2} = -3$

2. Möglichkeit:
Nach Eingabe der Funktionsgleichung $f(x) = x^2 + 2 \cdot x - 3$ in das GRAPH-Menü des GTR werden die Nullstellen des Graphen der Funktion bestimmt.

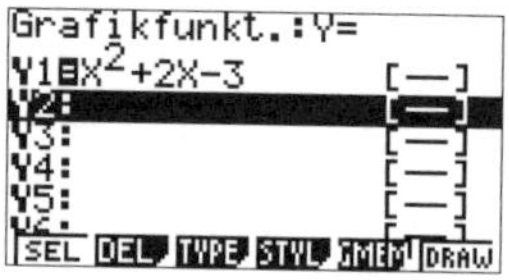

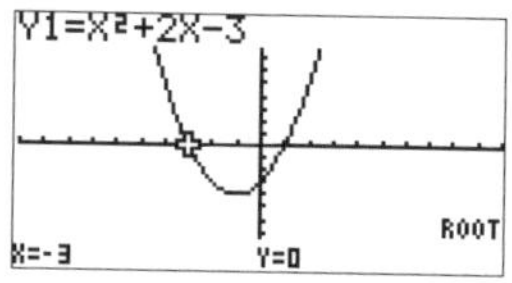

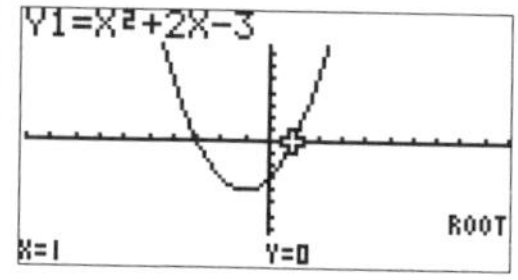

Ergebnis: Für $\underline{\underline{-3 < x < 1}}$ sind die Funktionswerte negativ.

1.4.1 $\underline{\underline{x_B = -1}}$

Erklärung der Lösung:
Der Punkt $B(x_B \mid -4)$ liegt ebenfalls auf dem Graphen der Funktion f.

1. Möglichkeit:
Das Ergebnis kann mithilfe des Befehls „x-cal" im GRAPH-Menü des GTR ermittelt werden.

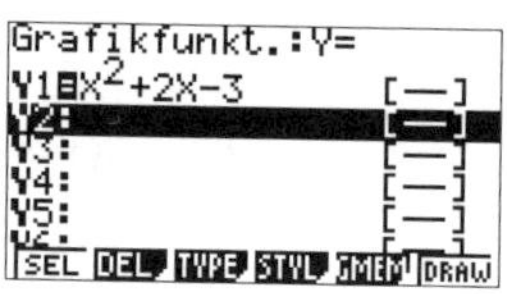

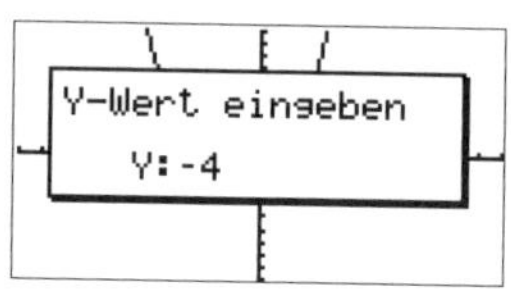

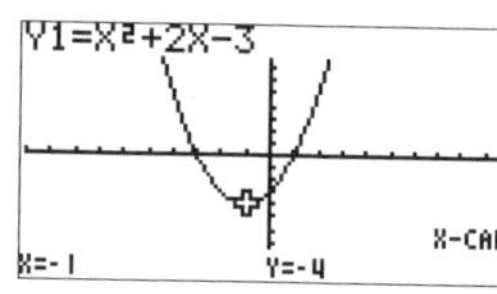

2. Möglichkeit:
Die Koordinaten von B müssen die Funktionsgleichung $f(x) = x^2 + 2 \cdot x - 3$ erfüllen.

$$-4 = x_B^2 + 2 \cdot x_B - 3 \qquad |+4$$
$$0 = x_B^2 + 2 \cdot x_B + 1$$

Die Lösung der Gleichung kann über das EQUA-Menü des GTR erfolgen.

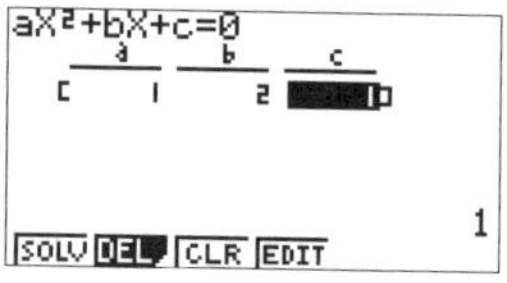

1.4.2 Die Funktion g ist eine lineare Funktion. Die Funktionsgleichung hat die Form $y = g(x) = m \cdot x + n$.

Die Punkte $A(-4\,|\,5)$ und $B(-1\,|\,-4)$ liegen auf dem Graphen der gesuchten Funktion g. Da die Punktkoordinaten die Gleichung $y = m \cdot x + n$ erfüllen müssen, kann mit ihrer Hilfe ein lineares Gleichungssystem aufgestellt und gelöst werden.

(I) $5 = m \cdot (-4) + n$

(II) $-4 = m \cdot (-1) + n$

1. Möglichkeit:

Gelöst werden kann das lineare Gleichungssystem mithilfe des „SOLV“-Befehls im EQUA-Menü des GTR.

(I) $-4 \cdot m + n = 5$

(II) $-1 \cdot m + n = -4$

$m = -3$

$n = -7$

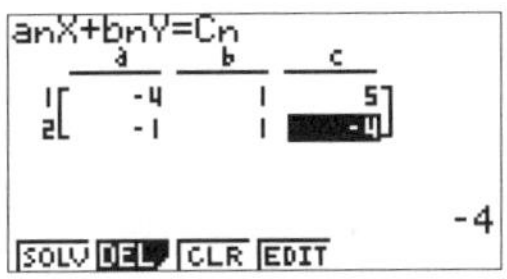

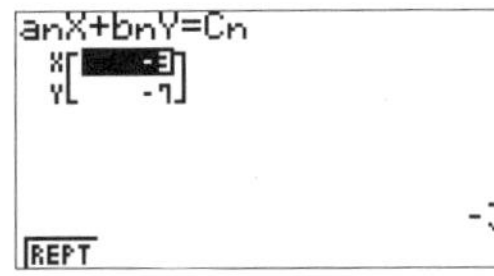

Ergebnis: Die Funktionsgleichung lautet: $\underline{\underline{g(x) = -3 \cdot x - 7}}$

2. Möglichkeit:

Nutzt man zur Ermittlung der Funktionsgleichung das STAT-Menü des GTR, wählt man die lineare Regression. Durch die Anzeige des Graphen kann noch eine Probe erfolgen (Liegen A und B auf dem Graphen der Funktion?).

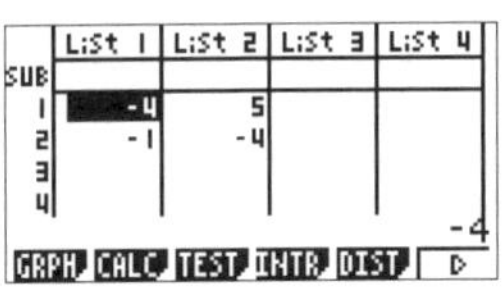

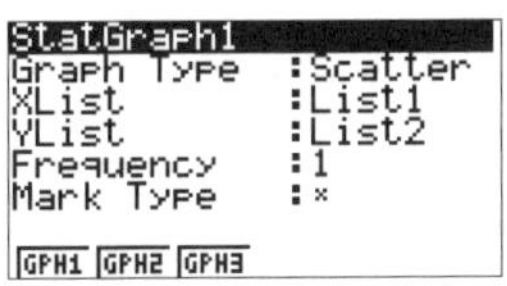

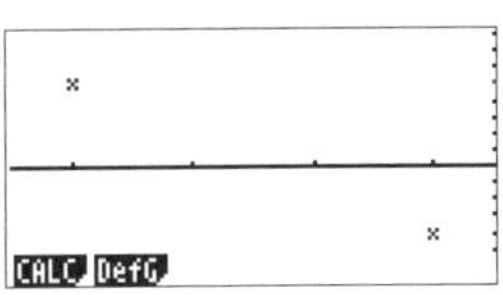

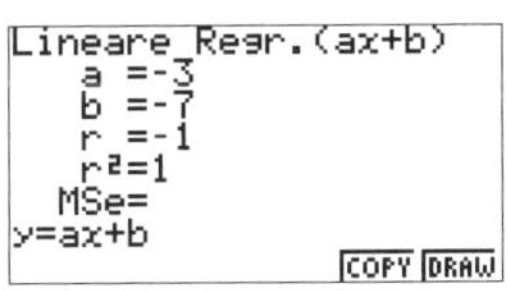

2.1 90 % der Gesamtmasse von 300 000 t sind Beton.

$90\,\% = \frac{90}{100} = 0{,}9$

90 % von $300\,000\ \text{t} = 0{,}9 \cdot 300\,000\ \text{t} = 270\,000\ \text{t}$

Die Dichte als stoffabhängige Größe kann bei bekannter Masse und bekanntem Volumen mit der Gleichung $\rho = \frac{m}{V}$ berechnet werden.

Im gegebenen Fall sind die Dichte und die Masse bekannt. Das gesuchte Volumen wird durch Umstellen der Gleichung und Einsetzen von $\rho = 2{,}25\,\frac{\text{t}}{\text{m}^3}$ sowie $m = 270\,000\ \text{t}$ berechnet.

$$\rho = \frac{m}{V} \qquad |\cdot V$$

$$\rho \cdot V = m \qquad |:\rho$$

$$V = \frac{m}{\rho}$$

$$V = \frac{270\,000\ t \cdot m^3}{2{,}25\ t} \qquad \left[\frac{t}{\frac{t}{m^3}} = \frac{t}{1} : \frac{t}{m^3} = \frac{t}{1} \cdot \frac{m^3}{t}\right]$$

$$\underline{\underline{V = 120\,000\ m^3}}$$

Ergebnis: 120 000 m^3 Beton werden verbaut.

2. Das arithmetische Mittel und die Standardabweichung können mithilfe des STAT-Menüs des GTR ermittelt werden.

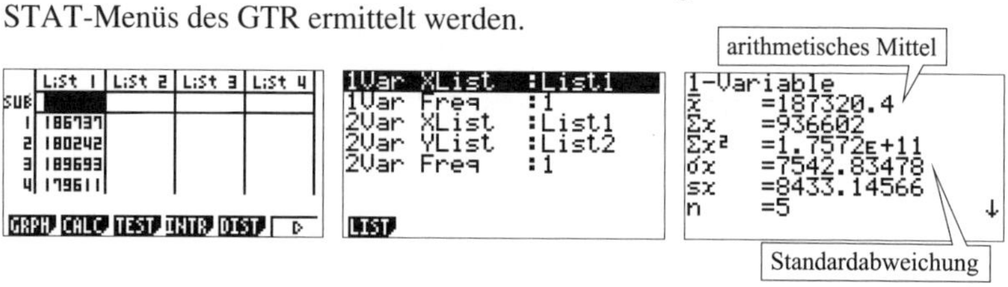

2.2.1 2011 gab es 200 319 Besucher. Die Besucherzahl weicht um 200 319 – 187 320 = 12 999 Besucher vom arithmetischen Mittel ab.

Ergebnis: Abweichung vom arithmetischen Mittel: 12 999 Besucher

2.2.2 Die Standardabweichung beträgt rund 7 543 Besucher.

2.3 Den Sachverhalt kann man mithilfe des Dreiecks VCR darstellen. Folgende Größen sind bekannt.

$\overline{RV} = 3\,920\ m$

$\overline{CV} = 3\,730\ m$

$\sphericalangle CVR = 7{,}5°$

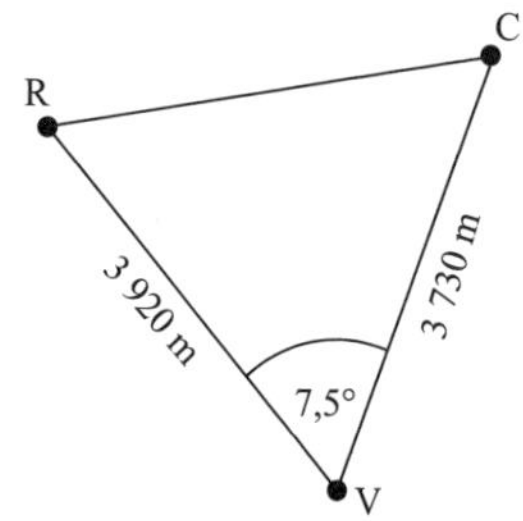

(Skizze nicht maßstäblich)

Unter Verwendung des Kosinussatzes kann die Länge von $\overline{CR}$ berechnet werden.

$$\overline{CR}^2 = \overline{RV}^2 + \overline{CV}^2 - 2 \cdot \overline{RV} \cdot \overline{CV} \cdot \cos \sphericalangle CVR \qquad |\sqrt{\ }; \overline{CR} > 0$$

$$\overline{CR} = \sqrt{(3\,920\ m)^2 + (3\,730\ m)^2 - 2 \cdot 3\,920\ m \cdot 3\,730\ m \cdot \cos 7{,}5°}$$

$$\overline{CR} \approx 535\ m$$

Ergebnis: Die direkte Entfernung vom Rathaus zum City-Hochhaus beträgt rund 535 m.

3.1.1 Die Mindestwassertiefe kann bei vorgegebener Absprunghöhe mithilfe der gegebenen Funktionsgleichung $t(h) = 3{,}095 \cdot 1{,}038^h$ ($h \in \mathbb{R}$; $1{,}0 \le h \le 10{,}0$) berechnet werden. Ein Vergleich dieser berechneten Größe mit der angegebenen Wassertiefe von $t_1 = 3{,}9$ m zeigt, ob diese Wassertiefe zulässig ist.

$t(5) = 3{,}095 \cdot 1{,}038^5 \approx 3{,}73$

$3{,}73\text{ m} < 3{,}9\text{ m}$

Ergebnis: Der Wassertiefenvergleich ergibt: Die Wassertiefe ist zulässig.

3.1.2 Mit $t_1 = 3{,}9$ m ist der Funktionswert der obigen Funktion bekannt. Das zugehörige Argument kann über eine grafische Lösung mithilfe des GRAPH-Menüs des GTR oder über eine nach h umgestellte Gleichung ermittelt werden.

1. Möglichkeit:

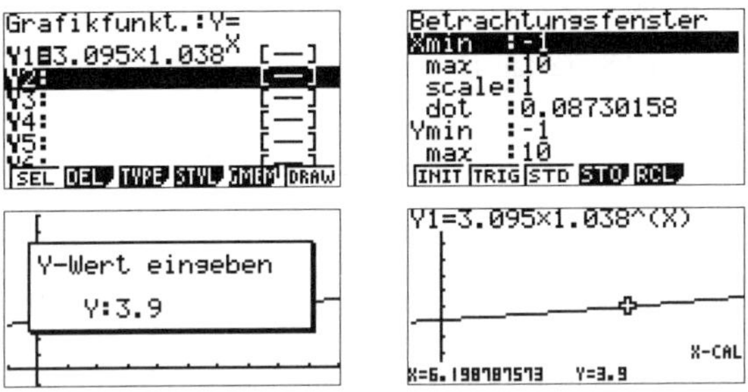

2. Möglichkeit:

$$3{,}9 = 3{,}095 \cdot 1{,}038^h \qquad |: 3{,}095$$

$$\frac{3{,}9}{3{,}095} = 1{,}038^h \qquad |\,\text{Logarithmieren}$$

$$\lg\frac{3{,}9}{3{,}095} = \lg 1{,}038^h \qquad |\,\text{Anwendung Logarithmengesetz}$$

$$\lg\frac{3{,}9}{3{,}095} = h \cdot \lg 1{,}038 \qquad |: \lg 1{,}038 \text{ und Seitentausch}$$

$$h = \frac{\lg\frac{3{,}9}{3{,}095}}{\lg 1{,}038}$$

$$h \approx 6{,}1988$$

Ergebnis: Es darf maximal aus $\underline{\underline{6{,}19\text{ m}}}$ Höhe abgesprungen werden.

Hinweis: Aufgrund des Sachverhaltes muss entgegen der mathematischen Rundungsregel abgerundet werden.

3.1.3 $\underline{\underline{V = 682{,}5\ m^3}}$

Erklärung der Lösung:
Das Volumen eines Quaders kann mit der Formel $V = a \cdot b \cdot c$ berechnet werden. Für das quaderförmige Wasserbecken ist die Länge mit $a = 14{,}0$ m, die Breite mit $b = 12{,}5$ m und die Höhe (Tiefe) mit $c = 3{,}9$ m gegeben.

$V = 14{,}0\ m \cdot 12{,}5\ m \cdot 3{,}9\ m$
$V = 682{,}5\ m^3$

3.1.4 Für das quaderförmige Wasserbecken ändert sich durch Absenkung des Beckenbodens die Wassertiefe und damit die Länge der Seite c.
Mit dem bekannten Volumen von $V = 805\ m^3$ und unter Nutzung der Volumengleichung wird die neue Wassertiefe ermittelt.

$V = a \cdot b \cdot c \quad |:(a \cdot b)$ und Seitentausch

$$c = \frac{V}{a \cdot b}$$

$$c = \frac{805\ m^3}{14{,}0\ m \cdot 12{,}5\ m} = \frac{805\ m \cdot \cancel{m} \cdot \cancel{m}}{14{,}0\ \cancel{m} \cdot 12{,}5\ \cancel{m}}$$

$c = 4{,}6$ m

Die neue Wassertiefe unterscheidet sich um $4{,}6\ m - 3{,}9\ m = 0{,}7$ m.

Ergebnis: Gegenüber der ersten Einstellung wurde der Beckenboden um $\underline{\underline{70\ cm}}$ abgesenkt.

Die neue Wassertiefe beträgt 4,6 m. Wie bei der Lösung zu Teilaufgabe 3.1.1 ermittelt man die Mindestwassertiefe bei einer Absprunghöhe von 10 m, indem man den Wert in t(h) einsetzt:
$t(10) = 3{,}095 \cdot 1{,}038^{10} \approx 4{,}494 \approx 4{,}50$

Die neue Wassertiefe überschreitet die vorgeschriebene Mindestwassertiefe um $4{,}60\ m - 4{,}50\ m = 0{,}10$ m.

Ergebnis: Die vorgeschriebene Mindestwassertiefe wird um $\underline{\underline{10\ cm}}$ überschritten.

3.2.1 $\underline{\underline{n = 120}}$

Erklärung der Lösung:

	1. Sprung		2. Sprung		3. Sprung		4. Sprung		5. Sprung
5! =	5	·	4	·	3	·	2	·	1
	↑		↑		…				
	Anzahl der Auswahl an Sprüngen		Anzahl der möglichen Sprünge nach einem absolvierten Sprung						

5! = 120

3.2.2 Nach der Streichung der entsprechenden Wertungen wird die Summe der drei verbleibenden Sprungwertungen mit dem Schwierigkeitsgrad $g = 2{,}6$ multipliziert.

Streichung der zwei höchsten Wertungen: ~~8,0~~ ~~7,5~~

Streichung der zwei niedrigsten Wertungen: ~~5,5~~ ~~6,0~~

verbleibende Wertungen: 7,5 6,5 6,5

Summe der verbleibenden Wertungen: $7{,}5 + 6{,}5 + 6{,}5 = 20{,}5$

Gesamtpunktezahl p: $p = 20{,}5 \cdot g$

$$p = 20{,}5 \cdot 2{,}6$$

$$\underline{\underline{p = 53{,}3}}$$

Ergebnis: Die Gesamtpunktezahl für Jessis Sprung ist 53,3.

3.2.3 Da nach dem Ereignis E „Alle fünf Sprünge gelingen" gefragt ist, wird nur der für das Ereignis bedeutsame Teil des Baumdiagramms gezeichnet. Mithilfe der Pfadmultiplikationsregel kann die gesuchte Wahrscheinlichkeit berechnet werden.

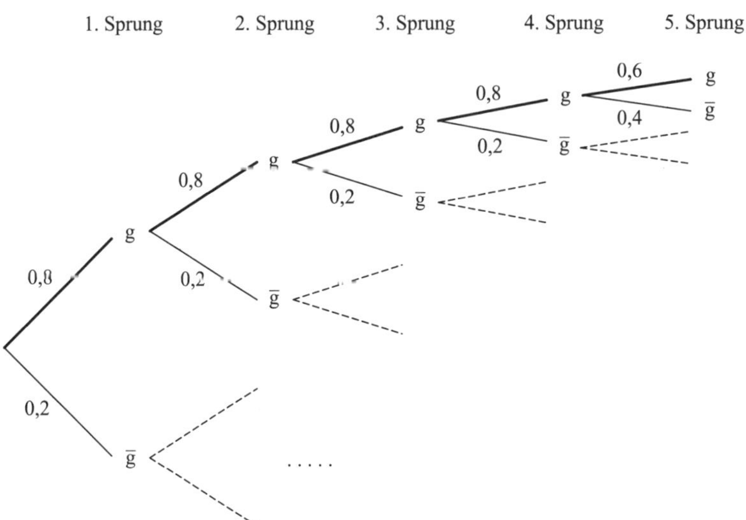

g … Sprung gelungen $\overline{g}$ … Sprung misslungen

$P(E) = P(ggggg) = 0{,}8 \cdot 0{,}8 \cdot 0{,}8 \cdot 0{,}8 \cdot 0{,}6$

$P(E) = 0{,}8^4 \cdot 0{,}6$

$\underline{\underline{P(E) \approx 0{,}2458}}$

Ergebnis: Mit einer Wahrscheinlichkeit von rund 24,6 % gelingen Jessi alle fünf Sprünge.

Sicher durch das Abitur!

Klare Fakten, systematische Methoden, prägnante Beispiele sowie Übungsaufgaben auf Abiturniveau mit erklärenden Lösungen zur Selbstkontrolle.

Mathematik

Analytische Geometrie
Mit Hinweisen zu GTR-/CAS-Nutzung .... Best.-Nr. 540038
Analysis – Mit Hinweisen zur CAS-Nutzung ...... Best.-Nr. 540021
Stochastik .... Best.-Nr. 94009
Kompakt-Wissen Abitur Analysis .... Best.-Nr. 900151
Kompakt-Wissen Abitur Analytische Geometrie Best.-Nr. 900251
Kompakt-Wissen Abitur
Wahrscheinlichkeitsrechnung und Statistik .... Best.-Nr. 900351
Klausuren Mathematik Oberstufe .... Best.-Nr. 900461
Stark in Klausuren
Funktionen ableiten Oberstufe.......................... Best.-Nr. 940012

Physik

Physik 1 – Elektromagnetisches Feld
und Relativitätstheorie .... Best.-Nr. 943028
Physik 2 – Aufbau der Materie .... Best.-Nr. 943038
Mechanik .... Best.-Nr. 94307
Abitur-Wissen Elektrodynamik.......................... Best.-Nr. 94331
Abitur-Wissen Aufbau der Materie .... Best.-Nr. 94332
Kompakt-Wissen Abitur Physik 1 – Mechanik,
Thermodynamik, Relativitätstheorie .... Best.-Nr. 943012
Kompakt-Wissen Abitur Physik 2 – Elektrizitätslehre,
Magnetismus, Elektrodynamik, Wellenoptik .... Best.-Nr. 943013
Kompakt-Wissen Abitur Physik 3 Atom-, Kern-
und Teilchenphysik .... Best.-Nr. 943011
Klausuren Physik Oberstufe .... Best.-Nr. 103011

Biologie

Biologie 1 – Strukturelle und energetische Grundlagen des Lebens · Genetik und Gentechnik · Der Mensch als Umweltfaktor –
Populationsdynamik und Biodiversität .... Best.-Nr. 947038
Biologie 2 – Evolution · Neuronale Informations-
verarbeitung · Verhaltensbiologie .... Best.-Nr. 947048
Grundlagen, Arbeitstechniken und Methoden .... Best.-Nr. 94710
Abitur-Wissen Genetik .... Best.-Nr. 94703
Abitur-Wissen Neurobiologie .... Best.-Nr. 94705
Abitur-Wissen Verhaltensbiologie .... Best.-Nr. 94706
Abitur-Wissen Evolution .... Best.-Nr. 94707
Abitur-Wissen Ökologie .... Best.-Nr. 94708
Abitur-Wissen Zell- und Entwicklungsbiologie .... Best.-Nr. 94709
Kompakt-Wissen Abitur Biologie Zellen und Stoffwechsel
Nerven · Sinne und Hormone · Ökologie .... Best.-Nr. 94712
Kompakt-Wissen Abitur Biologie Genetik und Entwicklung ·
Immunbiologie · Evolution · Verhalten .... Best.-Nr. 94713
Kompakt-Wissen Abitur Biologie
Fachbegriffe der Biologie .... Best.-Nr. 94714
Klausuren Biologie Oberstufe .... Best.-Nr. 907011

Chemie

Chemie 1 – Gleichgewichte · Energetik
Säuren und Basen · Elektrochemie .... Best.-Nr. 84731
Chemie 2 – Naturstoffe · Aromatische
Verbindungen · Kunststoffe .... Best.-Nr. 84732
Rechnen in der Chemie .... Best.-Nr. 84735
Methodentraining Chemie .... Best.-Nr. 947308
Abitur-Wissen Protonen und Elektronen .... Best.-Nr. 947301
Abitur-Wissen
Stoffklassen organischer Verbindungen .... Best.-Nr. 947304
Abitur-Wissen Biomoleküle .... Best.-Nr. 947305
Abitur-Wissen
Chemie am Menschen – Chemie im Menschen ... Best.-Nr. 947307
Kompakt-Wissen Abitur Chemie
Organische Stoffklassen ·
Natur-, Kunst- und Farbstoffe .... Best.-Nr. 947309
Kompakt-Wissen Abitur Chemie –
Anorganische Chemie ·
Energetik · Kinetik · Kernchemie .... Best.-Nr. 947310
Klausuren Chemie Oberstufe .... Best.-Nr. 107311

Geschichte

Geschichte 1 – Industrialisierung und Soziale Frage, Nationalstaatsgedanke und Nationalismus, Kaiserreich, Imperialismus, Erster Weltkrieg, Weimarer Republik,
Nationalsozialismus und Zweiter Weltkrieg ...... Best.-Nr. 84763
Geschichte 2 – Deutschland nach dem Zweiten Weltkrieg, die bipolare Welt nach 1945, der Umbruch in der DDR und die Wiedervereinigung, die europäische Einigung,
Wendepunkte des 20. Jahrhunderts .... Best.-Nr. 84764
Grundlagen, Arbeitstechniken und
Methoden – Geschichte .... Best.-Nr. 94789
Abitur-Wissen Die Antike .... Best.-Nr. 94783
Abitur-Wissen Das Mittelalter .... Best.-Nr. 94788
Abitur-Wissen Französische Revolution .... Best.-Nr. 947812
Abitur-Wissen Die Ära Bismarck: Entstehung und
Entwicklung des deutschen Nationalstaats .... Best.-Nr. 94784
Abitur-Wissen
Imperialismus und Erster Weltkrieg .... Best.-Nr. 94785
Abitur-Wissen Die Weimarer Republik .... Best.-Nr. 47815
Abitur-Wissen
Nationalsozialismus und Zweiter Weltkrieg ...... Best.-Nr. 94786
Abitur Wissen
Deutschland von 1945 bis zur Gegenwart .... Best.-Nr. 947811
Abitur Wissen USA .... Best.-Nr. 947813
Abitur Wissen Naher Osten .... Best.-Nr. 947814
Kompakt-Wissen Abitur Geschichte Oberstufe ... Best.-Nr. 947601
Klausuren Geschichte Oberstufe .... Best.-Nr. 107611

Alle so gekennzeichneten Titel sind auch als eBook über **www.stark-verlag.de** erhältlich.

(Bitte blättern Sie um)

Abitur-Prüfungsaufgaben

Zentral gestellte Abitur-Prüfungsaufgaben der letzten Jahre.
Mit schülergerechten Lösungen.

Sachsen

Abiturprüfung Mathematik – LK Sachsen .... Best.-Nr. 145000
Abiturprüfung Mathematik – GK Sachsen .... Best.-Nr. 145100
Abiturprüfung Deutsch – GK/LK Sachsen .... Best.-Nr. 145400
Abiturprüfung Englisch – LK Sachsen .... Best.-Nr. 145460
Abiturprüfung Physik – LK Sachsen .... Best.-Nr. 145300
Abiturprüfung Chemie – GK/LK Sachsen .... Best.-Nr. 145730
Abiturprüfung Biologie – GK Sachsen .... Best.-Nr. 145700
Abiturprüfung Geschichte – GK/LK Sachsen ..... Best.-Nr. 145760

Sachsen-Anhalt

Abiturprüfung Mathematik – EN
Sachsen-Anhalt .... Best.-Nr. 155000
Abiturprüfung Mathematik – GN
Sachsen-Anhalt .... Best.-Nr. 155100
Abiturprüfung Deutsch – GKN/LKN
Sachsen-Anhalt .... Best.-Nr. 155400
Abiturprüfung Englisch – GN/LN
Sachsen-Anhalt .... Best.-Nr. 155460
Abiturprüfung Biologie – GKN/LKN
Sachsen-Anhalt .... Best.-Nr. 155700

Thüringen

Abiturprüfung Mathematik – Thüringen .... Best.-Nr. 165100
Abiturprüfung Deutsch – Thüringen .... Best.-Nr. 165400
Abiturprüfung Englisch – eA Thüringen
mit Audio-Dateien zum Downloaden .... Best.-Nr. 165460
Abiturprüfung Physik – Thüringen .... Best.-Nr. 165300
Abiturprüfung Biologie – gA/eA Thüringen ...... Best.-Nr. 165700

Mecklenburg-Vorpommern

Abiturprüfung Mathematik
Mecklenburg-Vorpommern .... Best.-Nr. 135000

Berlin/Brandenburg

Abiturprüfung Mathematik mit CD-ROM – LK
Berlin/Brandenburg .... Best.-Nr. 125000
Abiturprüfung Mathematik mit CD-ROM – GK
Berlin .... Best.-Nr. 125100
Abiturprüfung Deutsch
Berlin/Brandenburg .... Best.-Nr. 125400
Abiturprüfung Englisch
Berlin/Brandenburg .... Best.-Nr. 125460
Abiturprüfung Biologie
Berlin/Brandenburg .... Best.-Nr. 125700

Bundesabitur 2014

Relevant in **Niedersachsen, Schleswig-Holstein, Bayern, Hamburg, Mecklenburg-Vorpommern und Sachsen**

Bundesabitur Mathematik .... Best.-Nr. 105000
Bundesabitur Deutsch .... Best.-Nr. 105400
Bundesabitur Englisch .... Best.-Nr. 105460

■ Best.-Nr. E10485
■ Best.-Nr. E10484
■ Best.-Nr. E10479

Was kommt nach dem Abitur?

Die STARK Ratgeber helfen weiter!
Weitere STARK Fachbücher zur Studien- und Berufswahl finden Sie unter **www.berufundkarriere.de**

Bestellungen bitte direkt an:
STARK Verlagsgesellschaft mbH & Co. KG · Postfach 1852 · 85318 Freising
Tel. 0180 3 179000* · Fax 0180 3 179001* · www.stark-verlag.de · info@stark-verlag.de
*9 Cent pro Min. aus dem deutschen Festnetz, Mobilfunk bis 42 Cent pro Min.
Aus dem Mobilfunknetz wählen Sie die Festnetznummer: 08167 9573-0

Lernen · Wissen · Zukunft
STARK

23_VMN